Tafel

zur

Ermittelung des Alkoholgehaltes

von

Alkohol-Wassermischungen

aus dem spezifischen Gewicht.

Nach den von der Kaiserlichen Normal-Aichungs-Kommission

angenommenen Zahlen berechnet

von

Dr. Karl Windisch,

Ständigem Hülfsarbeiter im Kaiserlichen Gesundheitsamte.

Springer-Verlag Berlin Heidelberg GmbH

1893.

ISBN 978-3-662-39345-1   ISBN 978-3-662-40387-7 (eBook)
DOI 10.1007/978-3-662-40387-7

Softcover reprint of the hardcover 1st edition 1893

Vorwort.

Die Bestimmung des Alkoholgehaltes geistiger Flüssigkeiten ist eine Aufgabe, welche sehr häufig an den Chemiker, Steuerbeamten, Branntweinbrenner und viele andere Gewerbetreibende herantritt. In vielen Fällen genügt hierbei die Ermittelung der Alkoholstärke mit dem Alkoholometer, einer Spindel, an welcher man bei einer bestimmten Normaltemperatur die Alkoholprozente ohne Weiteres ablesen kann. Für diese Art der Alkoholbestimmung ist bestens gesorgt: die erforderlichen Alkoholometer werden amtlich geaicht, und die von der Kaiserlichen Normal-Aichungs-Kommission herausgegebene umfangreiche „Anleitung zur steueramtlichen Ermittelung des Alkoholgehaltes im Branntwein. Amtliche Ausgabe. Dritte vervollständigte Auflage. 1892. Berlin, Julius Springer" enthält die für abweichende Temperatur erforderlichen Korrektionen.

Für die Zwecke der chemischen Analyse ist die Bestimmung des Alkoholgehaltes mittels des Alkoholometers nicht genau genug. Der Chemiker verfährt vielmehr fast ausschließlich in der Weise, daß er das spezifische Gewicht der Alkohol-Wassermischungen bei einer bestimmten Temperatur möglichst genau (in der Regel mit Hülfe des Pyknometers) bestimmt und den dem gefundenen spezifischen Gewicht entsprechenden Alkoholgehalt aus einer Alkoholtafel entnimmt.

Die Zahl der Untersuchungen über die spezifischen Gewichte der Gemische von Wasser und Alkohol, die sich auf mehr als ein Jahrhundert vertheilen, ist eine sehr große. Die außerordentliche Schwierigkeit dieser Untersuchungen macht es erklärlich, daß die Ergebnisse der einzelnen Forscher meist nicht genau mit einander übereinstimmen; da nun jeder Forscher auf Grund seiner Versuche eine Tafel berechnete, so findet man in der Literatur eine große Anzahl solcher Tafeln, welche mehr oder weniger von einander abweichen. Aus diesem Grunde stimmen auch die in den verschiedenen Staaten amtlich eingeführten Alkoholtafeln nicht mit einander überein. In Frankreich ist z. B. die Gay-Lussac'sche Alkoholtafel maßgebend, in Holland diejenige von Baumhauer; in Deutschland ist die Tafel der Normal-Aichungskommission amtlich eingeführt, welche sich auf die von Mendelejeff[1]) berechneten Formeln gründet.

Die in der Literatur sich findenden Alkoholtafeln schreiten nach ganzen Prozenten oder in noch größeren Intervallen fort; bei jeder Alkoholbestimmung war daher eine umständliche Interpolationsrechnung erforderlich, wenn das spezifische Gewicht nicht zufällig einem in der Tafel aufgeführten Prozentgehalte entsprach. Diesem unbequemen und zeitraubenden Zustande setzte O. Hehner durch Berechnung seiner Alkoholtafel[2]) ein Ziel; diese Tafel schreitet nach Einheiten der vierten Dezimale des spezifischen Gewichts fort und enthält in zwei weiteren Spalten die zu den spezifischen Gewichten gehörigen Gewichtsprozente und Maaßprozente Alkohol.

Die Hehner'sche Alkoholtafel ist seither von den Chemikern fast ausschließlich angewendet worden, offenbar deshalb, weil sie die einzige rationell eingerichtete vollständige Tafel war. Dieselbe leidet aber an dem Uebelstand, daß sie mit der im Deutschen Reiche maßgebenden Tafel der Kaiserlichen Normal-Aichungs-Kommission nicht übereinstimmt. Hehner hat die Fownes'schen Zahlen zu Grunde gelegt, die gegenüber denjenigen der Normal-Aichungs-Kommission Abweichungen zeigen; während ferner seit dem 1. Juli 1889 im Deutschen Reiche für die Alkoholbestimmung 15° C. des Wasserstoffthermometers als Normaltemperatur festgesetzt ist, hat Hehner 60° Fahrenheit oder $15^5/_9$° C. als Normaltemperatur gewählt, die bis zum 30. Juni 1889 auch in Deutschland gültig war. Die Unterschiede zwischen der dem amtlich geaichten Alkoholometer zu Grunde liegenden Tafel und derjenigen von Hehner machen es wünschenswerth, letztere durch eine mit der amtlichen übereinstimmende Tafel zu ersetzen. Denn ist es schon an sich im höchsten Maaße wünschenswerth, daß die Alkoholtafel der Chemiker mit derjenigen der Gewerbetreibenden und Steuerbeamten, welche letzteren sich ausnahmslos der geaichten Alkoholometer bedienen, nicht in Widerspruch steht, so läßt das immer weiter schreitende Eingreifen der chemischen Untersuchung in die Zoll- und Steuertechnik die volle Uebereinstimmung der Alkoholtafeln der Chemiker und der Steuerbehörden als unabweisbar erscheinen. In den Fällen, in denen gegen die Alkoholbestimmung eines Steuerbeamten Beschwerde erhoben wird, wird der Chemiker mit der Untersuchung betraut, und von diesem muß man füglich verlangen, daß

---

[1]) Annalen der Physik und Chemie 1869, Band **138**, S. 103 und 230.

[2]) Alkohol-Tafeln, enthaltend alle den spezifischen Gewichten von 1,0000 bis 0,7938 entsprechenden Gewichts- und Volumprozente absoluten Alkohols. Berechnet auf Grund der Fownes'schen Tafeln von Otto Hehner. Wiesbaden, C. W. Kreidel. 1880.

er sich derselben Alkoholtafel bedient wie der Steuerbeamte; denn sobald es dem Chemiker freisteht, sich irgend einer der vielen vorgeschlagenen Tafeln zu bedienen, so können etwaige Unterschiede in den Ergebnissen der Analyse seitens des Chemikers und des Steuerbeamten sehr wohl durch die ungenügende Uebereinstimmung der Alkoholtafeln verursacht sein.

Die im Vorstehenden geschilderten Umstände haben den Verfasser veranlaßt, die nachstehende Tafel zu berechnen. Dieselbe gründet sich auf die amtliche Tafel der Kaiserlichen Normal-Aichungs-Kommission, die, soweit des Verfassers Wissen reicht, bisher nur in den physikalisch-chemischen Tabellen von H. Landolt und R. Börnstein auszugsweise in die Oeffentlichkeit gedrungen ist. Die spezifischen Gewichte der Alkohol-Wassermischungen sind bei 15° C. zu bestimmen und auf Wasser von gleichfalls 15° C. als Einheit zu beziehen; in der Tafel ist dies durch die Bezeichnung d $\left(\frac{15°}{15°}\right)$ am Kopfe der ersten Spalte ausgedrückt. Da man sich bei den Alkoholbestimmungen zumeist mit vier Dezimalen des spezifischen Gewichts begnügt, schreitet dieses in der ersten Spalte nach Einheiten der vierten Dezimale fort; doch sind zur Erleichterung der Interpolationsrechnung für die fünfte Dezimale des spezifischen Gewichtes die Multiplikationstäfelchen aufgenommen worden. In den drei folgenden Spalten sind die zu den spezifischen Gewichten gehörigen Gewichtsprozente Alkohol, Maaßprozente Alkohol und die Gramme Alkohol in 100 ccm der Alkohol-Wassermischung enthalten. Die letzte Spalte ist besonders mit Rücksicht auf die Weinanalyse eingeführt worden, bei der man die Gramme der Bestandtheile in 100 ccm Wein anzugeben pflegt; doch kann die Kenntniß dieser Zahlen auch unter anderen Verhältnissen von Nutzen sein.

Die Gewichtsprozente Alkohol der zweiten Spalte wurden aus den in der Tafel der Kaiserlichen Normal-Aichungs-Kommission enthaltenen Gewichtsprozenten durch Interpolation gefunden.

Die Maaßprozente Alkohol der dritten Spalte wurden nach der Formel berechnet:

$$v = \frac{a \cdot s}{0{,}79425},$$

worin bedeutet:

v die zu berechnenden Maaßprozente Alkohol bei 15° C.,
a die Gewichtsprozente Alkohol bei 15° C.,
s das zu a Gewichtsprozenten Alkohol gehörige spezifische Gewicht der Alkohol-Wassermischung bei 15° C. gegen Wasser von 15° C.,
0,79425 das spezifische Gewicht des reinen, wasserfreien Alkohols bei 15° C. gegen Wasser von 15° C.

— VI —

Die Gramme Alkohol in 100 ccm der Alkohol-Wassermischung können nach zwei Formeln berechnet werden, entweder aus den Gewichtsprozenten oder aus den Maaßprozenten. Für den ersten Fall lautet die Formel für die Berechnung:

$$g = 0{,}999154 \cdot a \cdot s,$$

worin bedeutet:

g die zu berechnenden Gramme Alkohol in 100 ccm der Alkohol-Wassermischung bei 15° C.,

a die Gewichtsprozente Alkohol bei 15° C.,

s das zu a Gewichtsprozenten Alkohol gehörige spezifische Gewicht der Alkohol-Wassermischung bei 15° C. gegen Wasser von 15° C.,

0,999154 das Gewicht von 1 ccm Wasser von 15° C. in Grammen nach P. Volkmann[1]).

Bedient man sich der Maaßprozente zur Berechnung der Gramme Alkohol in 100 ccm der Alkohol-Wassermischung, so ist:

$$g = 0{,}999154 \cdot 0{,}79425 \cdot v,$$

worin bedeutet:

v die Maaßprozente Alkohol bei 15° C.,

0,999154 des Gewicht von 1 ccm Wasser von 15° C. in Grammen,

0,79425 das spezifische Gewicht des wasserfreien Alkohols bei 15° C. gegen Wasser von 15° C.

Die Zahlen der Tafel sind nach der letzten Formel berechnet.

Die Berechtigung der dieser Tafel zu Grunde liegenden Zahlen zu erweisen ist hier nicht der Ort. In einem demnächst in demselben Verlag erscheinenden Buche wird der Verfasser sich dieser Aufgabe unterziehen und gleichzeitig eine Darstellung des Gesammtgebietes der so überaus wichtigen aber auch schwierigen und verwickelten Alkoholometrie geben. Der Verfasser giebt sich der Hoffnung hin, daß die Uebereinstimmung der nachstehenden Tafel mit der amtlich im Deutschen Reiche eingeführten zu einer freundlichen Aufnahme des Büchleins seitens der Fachgenossen beitragen wird.

[1]) Annalen der Physik und Chemie, Neue Folge 1881, Band **14**, S. 260.

Berlin, im Dezember 1892.

Der Verfasser.

Ueber den Gebrauch der Alkoholtafel.

Die nachstehende Tafel enthält die spezifischen Gewichte der Alkohol-Wassermischungen bei 15° C. gegen Wasser von 15° C., sowie die Gramme Alkohol in 100 g der Mischung (Gewichtsprozente), die Kubikzentimeter Alkohol in 100 ccm der Mischung (Maaßprozente) und die Gramme Alkohol in 100 ccm der Mischung. Bestimmt man daher das spezifische Gewicht von Gemischen aus Alkohol und Wasser, als welche auch die gewöhnlichen Branntweine aufzufassen sind, bei 15° C., bezogen auf Wasser von derselben Temperatur, so kann man den Alkoholgehalt der Mischung, nach jeder der drei in die Tafel aufgenommenen Arten ausgedrückt, direkt aus der Tafel entnehmen. Wenn z. B. ein extraktfreier gewöhnlicher Branntwein das spezifische Gewicht $d\left(\frac{15°}{15°}\right) = 0{,}9384$ zeigt, so sind in 100 g desselben 40,67 g Alkohol, in 100 ccm desselben 48,05 ccm Alkohol und in 100 ccm desselben 38,13 g Alkohol enthalten.

Für besonders genaue Bestimmungen des Alkoholgehaltes, wie sie z. B. für die Bestimmung des Fuselöls nach der Röse'schen Methode erforderlich sind, muß man noch die fünfte Dezimalstelle des spezifischen Gewichts berücksichtigen; in diesem Fall wird der genaue Alkoholgehalt durch Interpolation gefunden. Um diese zu erleichtern, sind die am Rande angebrachten Multiplikationstäfelchen eingeführt worden, deren Zweck aus den Logarithmentafeln hinlänglich bekannt ist. Obenan stehen die Differenzen des Alkoholgehaltes, welche einer Einheit in der vierten Dezimale entsprechen, darunter die Produkte dieser durch 10 getheilten Differenzen mit den einziffrigen Zahlen 1 bis 9. Bei der Interpolation kann man diese Produkte den Multiplikationstäfelchen direkt entnehmen, so daß die erstere auch von weniger geübten Rechnern im Kopfe vorgenommen werden kann, ohne daß ein Fehler, insbesondere bei der Stellung des Kommas, zu befürchten wäre.

Folgendes Beispiel zeigt die Anwendungsweise der Multiplikationstäfelchen bei der Interpolation. Der oben angeführte Branntwein habe bei einer genauen Bestimmung das spezifische Gewicht $d\left(\frac{15°}{15°}\right) = 0{,}93844$ ergeben. Dasselbe liegt zwischen 0,9384 und 0,9385. Die Differenz der zu diesen spezifischen Gewichten gehörigen Gewichtsprozente Alkohol ist

40,67 — 40,62 = 0,05. Geht man mit der Ziffer der fünften Dezimale, hier 4, in das Multiplikationstäfelchen 0,05, so findet man in der zweiten Spalte das Produkt 0,02. Dieses ist von dem Alkoholgehalt, der dem gefundenen, aber von der fünften Dezimale befreiten spezifischen Gewicht 0,9384 entspricht, hier 40,67, abzuziehen. Dem spezifischen Gewicht 0,93844 entsprechen daher 40,67 — 0,02 = 40,65 Gewichtsprozente Alkohol. So verwickelt die Beschreibung der Interpolationsrechnung aussieht, so einfach gestaltet sie sich in Wirklichkeit bei der Ausführung.

Bei alkoholischen Flüssigkeiten, welche neben Alkohol und Wasser noch andere, nichtflüchtige Stoffe enthalten, z. B. Wein, Bier, Likören u. s. w., muß man zum Zwecke der Bestimmung des Alkohols diesen erst von den nichtflüchtigen Stoffen trennen. Dies geschieht durch die Destillation der geistigen Flüssigkeit, wobei die flüchtigen Bestandtheile (wesentlich Alkohol und Wasser) übergehen, während die nichtflüchtigen Extraktstoffe im Rückstande verbleiben. Je nach der Art und Weise, in welcher man den Alkoholgehalt der Flüssigkeit ausdrücken will, schlägt man hierbei, um jede Umrechnung zu vermeiden, zweckmäßig verschiedene Wege ein.

1. Will man den Alkoholgehalt einer Flüssigkeit in Maaßprozenten ausdrücken, so destillirt man von Maaß zu Maaß, d. h. man mißt ein bestimmtes Maaß der Flüssigkeit ab, destillirt, bis der Alkohol vollständig übergegangen ist, füllt das Destillat bis zu dem ursprünglichen Maaß mit Wasser auf und bestimmt das spezifische Gewicht $d\left(\frac{15°}{15°}\right)$ des Destillats. Die dem spezifischen Gewicht $d\left(\frac{15°}{15°}\right)$ in der Tafel entsprechende Zahl der dritten Spalte (Maaßprozente Alkohol) stellt ohne Weiteres die Maaßprozente Alkohol in der ursprünglichen Flüssigkeit dar.

2. Will man den Alkoholgehalt einer Flüssigkeit durch Angabe der Gramme Alkohol in 100 ccm der Flüssigkeit ausdrücken, wie es z. B. bei der Weinanalyse üblich ist, so destillirt man ebenfalls, wie vorher beschrieben, von Maaß zu Maaß. In diesem Falle stellt die zu dem spezifischen Gewicht $d\left(\frac{15°}{15°}\right)$ in der Tafel gehörige Zahl der vierten Spalte (Gramm Alkohol in 100 ccm) ohne Weiteres die Gramme Alkohol in 100 ccm der ursprünglichen Flüssigkeit dar.

3. Will man den Alkoholgehalt einer Flüssigkeit in Gewichtsprozenten ausdrücken, so destillirt man am zweckmäßigsten von Gewicht zu Gewicht; eine bestimmte Gewichtsmenge der Flüssigkeit wird destillirt, bis der Alkohol vollständig übergegangen ist, und das Destillat bis zu dem Gewicht der ursprünglichen Flüssigkeit mit Wasser

aufgefüllt. Dann stellt die zu dem spezifischen Gewicht $d\left(\dfrac{15°}{15°}\right)$ des Destillats gehörige Zahl der zweiten Spalte der Tafel (Gewichtsprozente Alkohol) ohne Weiteres die Gewichtsprozente Alkohol in der ursprünglichen Flüssigkeit dar.

Destillirt man dagegen nicht von Gewicht zu Gewicht, sondern von Maaß zu Maaß, so ist, wenn man die Gewichtsprozente Alkohol in der Flüssigkeit erhalten will, eine Umrechnung erforderlich, für welche das spezifische Gewicht der ursprünglichen Flüssigkeit bekannt sein muß. Am besten geht man hierbei von der zu dem spezifischen Gewichte $d\left(\dfrac{15°}{15°}\right)$ des Destillats gehörigen Zahl der vierten Spalte (Gramm Alkohol in 100 ccm) aus. Bedeutet

x die Gewichtsprozente Alkohol in der ursprünglichen Flüssigkeit,

g die dem spezifischen Gewicht $d\left(\dfrac{15°}{15°}\right)$ des durch Destillation der Flüssigkeit von Maaß zu Maaß erhaltenen Destillats entsprechende Zahl der vierten Spalte (Gramm Alkohol in 100 ccm),

s das spezifische Gewicht der ursprünglichen Flüssigkeit bei 15° C. gegen Wasser von 15° C.,

0,999154 das Gewicht von 1 ccm Wasser von 15° C. in Grammen,

so ist:

$$x = 0{,}999154 \cdot g \cdot s$$

Die Art der Bestimmung des spezifischen Gewichts der Alkohol-Wassermischungen ist beliebig, sie muß nur hinreichend genau ausgeführt werden. Gewöhnlich bedient man sich des Pyknometers, dessen Wasserinhalt bei der Normaltemperatur man selbst bestimmt hat. Eine eingehende Darstellung der zur Bestimmung des spezifischen Gewichts vorgeschlagenen Verfahren wird sich in dem bereits vorher erwähnten Buche des Verfassers finden.

Spezifisches Gewicht $d\left(\frac{15°}{15°}\right)$	Gewichtsprozente Alkohol	Maaßprozente Alkohol	Gramm Alkohol in 100 ccm	Spezifisches Gewicht $d\left(\frac{15°}{15°}\right)$	Gewichtsprozente Alkohol	Maaßprozente Alkohol	Gramm Alkohol in 100 ccm
1,0000	0,00	0,00	0,00				
0,9999	0,05	0,07	0,05	0,9959	2,22	2,79	2,21
8	0,11	0,13	0,11	8	2,28	2,86	2,27
7	0,16	0,20	0,16	7	2,34	2,93	2,32
6	0,21	0,27	0,21	6	2,39	3,00	2,38
5	0,26	0,33	0,26	5	2,45	3,07	2,43
4	0,32	0,40	0,32	4	2,50	3,14	2,49
3	0,37	0,47	0,37	3	2,56	3,21	2,55
2	0,42	0,53	0,42	2	2,62	3,28	2,60
1	0,48	0,60	0,47	1	2,68	3,35	2,66
0	0,53	0,67	0,53	0	2,73	3,42	2,72
0,9989	0,58	0,73	0,58	0,9949	2,79	3,49	2,77
8	0,64	0,80	0,64	8	2,84	3,56	2,82
7	0,69	0,87	0,69	7	2,90	3,64	2,88
6	0,74	0,93	0,74	6	2,96	3,71	2,94
5	0,80	1,00	0,80	5	3,02	3,78	3,00
4	0,85	1,07	0,85	4	3,08	3,85	3,06
3	0,90	1,14	0,90	3	3,14	3,93	3,12
2	0,96	1,20	0,96	2	3,19	4,00	3,17
1	1,01	1,27	1,01	1	3,25	4,07	3,23
0	1,06	1,34	1,06	0	3,31	4,14	3,29
0,9979	1,12	1,41	1,12	0,9939	3,37	4,22	3,35
8	1,17	1,48	1,17	8	3,43	4,29	3,40
7	1,23	1,54	1,22	7	3,49	4,36	3,46
6	1,28	1,61	1,28	6	3,55	4,43	3,52
5	1,34	1,68	1,33	5	3,60	4,51	3,58
4	1,39	1,75	1,39	4	3,66	4,58	3,64
3	1,45	1,82	1,44	3	3,72	4,65	3,69
2	1,50	1,88	1,50	2	3,78	4,73	3,75
1	1,56	1,95	1,55	1	3,84	4,80	3,81
0	1,61	2,02	1,60	0	3,90	4,88	3,87
0,9969	1,67	2,09	1,66	0,9929	3,96	4,95	3,93
8	1,72	2,16	1,71	8	4,02	5,03	3,99
7	1,78	2,23	1,77	7	4,08	5,10	4,05
6	1,83	2,30	1,82	6	4,14	5,18	4,11
5	1,89	2,37	1,88	5	4,20	5,25	4,17
4	1,94	2,44	1,93	4	4,26	5,33	4,23
3	2,00	2,51	1,99	3	4,32	5,40	4,29
2	2,05	2,58	2,04	2	4,39	5,48	4,35
1	2,11	2,65	2,10	1	4,45	5,55	4,41
0	2,17	2,72	2,16	0	4,51	5,63	4,47
0,9959	2,22	2,79	2,21	0,9919	4,57	5,70	4,53

0,05

1	0,005
2	0,010
3	0,015
4	0,020
5	0,025
6	0,030
7	0,035
8	0,040
9	0,045

0,06

1	0,006
2	0,012
3	0,018
4	0,024
5	0,030
6	0,036
7	0,042
8	0,048
9	0,054

0,07

1	0,007
2	0,014
3	0,021
4	0,028
5	0,035
6	0,042
7	0,049
8	0,056
9	0,063

0,08

1	0,008
2	0,016
3	0,024
4	0,032
5	0,040
6	0,048
7	0,056
8	0,064
9	0,072

0,06	
1	0,006
2	0,012
3	0,018
4	0,024
5	0,030
6	0,036
7	0,042
8	0,048
9	0,054

0,07	
1	0,007
2	0,014
3	0,021
4	0,028
5	0,035
6	0,042
7	0,049
8	0,056
9	0,063

0,08	
1	0,008
2	0,016
3	0,024
4	0,032
5	0,040
6	0,048
7	0,056
8	0,064
9	0,072

0,09	
1	0,009
2	0,018
3	0,027
4	0,036
5	0,045
6	0,054
7	0,063
8	0,072
9	0,081

0,10	
1	0,01
2	0,02
3	0,03
4	0,04
5	0,05
6	0,06
7	0,07
8	0,08
9	0,09

Spezifisches Gewicht $d\left(\frac{15^\circ}{15^\circ}\right)$	Gewichts-prozente Alkohol	Maaß-prozente Alkohol	Gramm Alkohol in 100 ccm	Spezifisches Gewicht $d\left(\frac{15^\circ}{15^\circ}\right)$	Gewichts-prozente Alkohol	Maaß-prozente Alkohol	Gramm Alkohol in 100 ccm
0,9919	**4,57**	**5,70**	**4,53**	**0,9879**	**7,15**	**8,89**	**7,06**
8	4,63	5,78	4,59	8	7,22	8,98	7,12
7	4,69	5,86	4,65	7	7,29	9,06	7,19
6	4,75	5,93	4,71	6	7,36	9,15	7,26
5	4,81	6,01	4,77	5	7,42	9,23	7,33
4	4,88	6,09	4,83	4	7,49	9,32	7,39
3	4,94	6,16	4,89	3	7,56	9,40	7,46
2	5,00	6,24	4,95	2	7,63	9,48	7,53
1	5,06	6,32	5,01	1	7,70	9,57	7,60
0	5,13	6,40	5,08	0	7,77	9,66	7,66
0,9909	**5,19**	**6,47**	**5,14**	**0,9869**	**7,84**	**9,74**	**7,73**
8	5,25	6,55	5,20	8	7,91	9,83	7,80
7	5,32	6,63	5,26	7	7,98	9,91	7,87
6	5,38	6,71	5,32	6	8,05	10,00	7,94
5	5,44	6,79	5,38	5	8,12	10,09	8,00
4	5,51	6,86	5,45	4	8,19	10,17	8,07
3	5,57	6,94	5,51	3	8,26	10,26	8,14
2	5,63	7,02	5,57	2	8,33	10,35	8,21
1	5,70	7,10	5,64	1	8,41	10,43	8,28
0	5,76	7,18	5,70	0	8,48	10,52	8,35
0,9899	**5,83**	**7,26**	**5,76**	**0,9859**	**8,55**	**10,61**	**8,42**
8	5,89	7,34	5,83	8	8,62	10,70	8,49
7	5,96	7,42	5,89	7	8,69	10,79	8,56
6	6,02	7,50	5,95	6	8,76	10,88	8,63
5	6,09	7,58	6,02	5	8,84	10,96	8,70
4	6,15	7,66	6,08	4	8,91	11,05	8,77
3	6,22	7,74	6,14	3	8,98	11,14	8,84
2	6,28	7,82	6,21	2	9,06	11,23	8,91
1	6,35	7,90	6,27	1	9,13	11,32	8,98
0	6,41	7,99	6,34	0	9,20	11,41	9,06
0,9889	**6,48**	**8,07**	**6,40**	**0,9849**	**9,28**	**11,50**	**9,13**
8	6,55	8,15	6,47	8	9,35	11,59	9,20
7	6,61	8,23	6,53	7	9,42	11,68	9,27
6	6,68	8,31	6,59	6	9,50	11,77	9,34
5	6,75	8,40	6,66	5	9,57	11,86	9,42
4	6,81	8,48	6,73	4	9,65	11,95	9,49
3	6,88	8,56	6,79	3	9,72	12,05	9,56
2	6,95	8,64	6,86	2	9,80	12,14	9,63
1	7,02	8,73	6,93	1	9,87	12,23	9,70
0	7,08	8,81	6,99	0	9,94	12,32	9,78
0,9879	**7,15**	**8,89**	**7,06**	**0,9839**	**10,02**	**12,41**	**9,85**

Spezifisches Gewicht $d\left(\frac{15°}{15°}\right)$	Gewichtsprozente Alkohol	Maaßprozente Alkohol	Gramm Alkohol in 100 ccm	Spezifisches Gewicht $d\left(\frac{15°}{15°}\right)$	Gewichtsprozente Alkohol	Maaßprozente Alkohol	Gramm Alkohol in 100 ccm
0,9839	10,02	12,41	9,85	0,9799	13,16	16,24	12,89
8	10,10	12,50	9,92	8	13,25	16,34	12,97
7	10,17	12,59	9,99	7	13,33	16,44	13,05
6	10,25	12,69	10,07	6	13,41	16,54	13,13
5	10,32	12,78	10,14	5	13,49	16,64	13,20
4	10,40	12,88	10,22	4	13,57	16,74	13,28
3	10,48	12,97	10,29	3	13,66	16,84	13,36
2	10,55	13,06	10,36	2	13,74	16,94	13,44
1	10,63	13,16	10,44	1	13,82	17,04	13,52
0	10,71	13,25	10,52	0	13,90	17,14	13,60
0,9829	10,78	13,34	10,59	0,9789	13,98	17,24	13,68
8	10,86	13,44	10,66	8	14,07	17,34	13,76
7	10,94	13,53	10,74	7	14,15	17,44	13,84
6	11,01	13,63	10,81	6	14,23	17,54	13,92
5	11,09	13,72	10,89	5	14,32	17,64	14,00
4	11,17	13,82	10,96	4	14,40	17,74	14,08
3	11,25	13,91	11,04	3	14,48	17,84	14,15
2	11,33	14,01	11,12	2	14,56	17,94	14,23
1	11,40	14,10	11,19	1	14,65	18,04	14,31
0	11,48	14,20	11,27	0	14,73	18,14	14,39
0,9819	11,56	14,29	11,34	0,9779	14,81	18,24	14,47
8	11,64	14,39	11,42	8	14,90	18,34	14,55
7	11,72	14,48	11,49	7	14,98	18,44	14,63
6	11,80	14,58	11,57	6	15,06	18,54	14,71
5	11,88	14,68	11,65	5	15,15	18,64	14,79
4	11,96	14,77	11,72	4	15,23	18,74	14,87
3	12,04	14,87	11,80	3	15,31	18,84	14,95
2	12,12	14,97	11,88	2	15,40	18,94	15,03
1	12,20	15,07	11,96	1	15,48	19,04	15,11
0	12,28	15,16	12,03	0	15,56	19,14	15,19
0,9809	12,36	15,26	12,11	0,9769	15,65	19,24	15,27
8	12,44	15,36	12,19	8	15,73	19,34	15,35
7	12,52	15,46	12,27	7	15,81	19,44	15,43
6	12,60	15,55	12,34	6	15,90	19,55	15,51
5	12,68	15,65	12,42	5	15,98	19,65	15,59
4	12,76	15,75	12,50	4	16,06	19,75	15,67
3	12,84	15,85	12,58	3	16,15	19,85	15,75
2	12,92	15,95	12,65	2	16,23	19,95	15,83
1	13,00	16,04	12,73	1	16,32	20,05	15,91
0	13,08	16,14	12,81	0	16,40	20,15	15,99
0,9799	13,16	16,24	12,89	0,9759	16,48	20,25	16,07

0,07

1	0,007
2	0,014
3	0,021
4	0,028
5	0,035
6	0,042
7	0,049
8	0,056
9	0,063

0,08

1	0,008
2	0,016
3	0,024
4	0,032
5	0,040
6	0,048
7	0,056
8	0,064
9	0,072

0,09

1	0,009
2	0,018
3	0,027
4	0,036
5	0,045
6	0,054
7	0,063
8	0,072
9	0,081

0,10

1	0,01
2	0,02
3	0,03
4	0,04
5	0,05
6	0,06
7	0,07
8	0,08
9	0,09

0,11

1	0,011
2	0,022
3	0,033
4	0,044
5	0,055
6	0,066
7	0,077
8	0,088
9	0,099

0,07							
1	0,007						
2	0,014						
3	0,021						
4	0,028						
5	0,035						
6	0,042						
7	0,049						
8	0,056						
9	0,063						
0,08							
1	0,008						
2	0,016						
3	0,024						
4	0,032						
5	0,040						
6	0,048						
7	0,056						
8	0,064						
9	0,072						
0,09							
1	0,009						
2	0,018						
3	0,027						
4	0,036						
5	0,045						
6	0,054						
7	0,063						
8	0,072						
9	0,081						
0,10							
1	0,01						
2	0,02						
3	0,03						
4	0,04						
5	0,05						
6	0,06						
7	0,07						
8	0,08						
9	0,09						
0,11							
1	0,011						
2	0,022						
3	0,033						
4	0,044						
5	0,055						
6	0,066						
7	0,077						
8	0,088						
9	0,099						

Spezifisches Gewicht $d\left(\frac{15°}{15°}\right)$	Gewichtsprozente Alkohol	Maaßprozente Alkohol	Gramm Alkohol in 100 ccm	Spezifisches Gewicht $d\left(\frac{15°}{15°}\right)$	Gewichtsprozente Alkohol	Maaßprozente Alkohol	Gramm Alkohol in 100 ccm
0,9759	16,48	20,25	16,07	0,9719	19,79	24,22	19,22
8	16,57	20,35	16,15	8	19,87	24,32	19,30
7	16,65	20,45	16,23	7	19,95	24,41	19,37
6	16,73	20,55	16,31	6	20,04	24,51	19,45
5	16,82	20,65	16,39	5	20,12	24,60	19,53
4	16,90	20,75	16,47	4	20,20	24,70	19,60
3	16,98	20,86	16,55	3	20,28	24,80	19,68
2	17,07	20,96	16,63	2	20,36	24,89	19,76
1	17,15	21,06	16,71	1	20,44	24,99	19,83
0	17,23	21,16	16,79	0	20,52	25,08	19,91
0,9749	17,32	21,26	16,87	0,9709	20,60	25,18	19,98
8	17,40	21,36	16,95	8	20,68	25,27	20,06
7	17,49	21,46	17,03	7	20,76	25,37	20,13
6	17,57	21,56	17,11	6	20,84	25,47	20,21
5	17,65	21,66	17,19	5	20,92	25,56	20,28
4	17,73	21,76	17,27	4	21,00	25,66	20,36
3	17,82	21,86	17,35	3	21,08	25,75	20,43
2	17,90	21,96	17,42	2	21,16	25,84	20,51
1	17,98	22,06	17,50	1	21,24	25,94	20,58
0	18,07	22,16	17,58	0	21,32	26,03	20,66
0,9739	18,15	22,26	17,66	0,9699	21,40	26,13	20,73
8	18,23	22,35	17,74	8	21,47	26,22	20,81
7	18,32	22,45	17,82	7	21,55	26,31	20,88
6	18,40	22,55	17,90	6	21,63	26,41	20,96
5	18,48	22,65	17,98	5	21,71	26,50	21,03
4	18,56	22,75	18,05	4	21,79	26,59	21,10
3	18,65	22,85	18,13	3	21,87	26,69	21,18
2	18,73	22,95	18,21	2	21,94	26,78	21,25
1	18,81	23,05	18,29	1	22,02	26,87	21,32
0	18,89	23,14	18,37	0	22,10	26,96	21,40
0,9729	18,98	23,24	18,45	0,9689	22,18	27,05	21,47
8	19,06	23,34	18,52	8	22,25	27,14	21,54
7	19,14	23,44	18,60	7	22,33	27,24	21,61
6	19,22	23,54	18,68	6	22,41	27,33	21,69
5	19,30	23,63	18,76	5	22,49	27,42	21,76
4	19,39	23,73	18,84	4	22,56	27,51	21,83
3	19,47	23,83	18,91	3	22,64	27,60	21,90
2	19,55	23,93	18,99	2	22,72	27,69	21,98
1	19,63	24,02	19,07	1	22,79	27,78	22,05
0	19,71	24,12	19,14	0	22,87	27,87	22,12
0,9719	19,79	24,22	19,22	0,9679	22,95	27,96	22,19

Spezifisches Gewicht $d\left(\frac{15°}{15°}\right)$	Gewichts- prozente Alkohol	Maaß- prozente Alkohol	Gramm Alkohol in 100 ccm	Spezifisches Gewicht $d\left(\frac{15°}{15°}\right)$	Gewichts- prozente Alkohol	Maaß- prozente Alkohol	Gramm Alkohol in 100 ccm
0,9679	22,95	27,96	22,19	0,9639	25,88	31,41	24,92
8	23,02	28,05	22,26	8	25,95	31,49	24,99
7	23,10	28,14	22,33	7	26,02	31,57	25,05
6	23,17	28,23	22,40	6	26,09	31,65	25,12
5	23,25	28,32	22,47	5	26,16	31,73	25,18
4	23,32	28,41	22,54	4	26,23	31,81	25,25
3	23,40	28,50	22,61	3	26,30	31,89	25,31
2	23,47	28,59	22,68	2	26,37	31,98	25,37
1	23,55	28,67	22,75	1	26,44	32,06	25,44
0	23,63	28,76	22,82	0	26,51	32,14	25,50
0,9669	23,70	28,85	22,89	0,9629	26,57	32,22	25,56
8	23,77	28,94	22,96	8	26,64	32,30	25,63
7	23,85	29,03	23,03	7	26,71	32,38	25,69
6	23,92	29,11	23,10	6	26,78	32,46	25,76
5	24,00	29,20	23,17	5	26,85	32,54	25,82
4	24,07	29,29	23,24	4	26,92	32,62	25,88
3	24,15	29,38	23,31	3	26,99	32,70	25,95
2	24,22	29,46	23,38	2	27,05	32,78	26,01
1	24,29	29,55	23,45	1	27,12	32,85	26,07
0	24 37	29,64	23,52	0	27,19	32,93	26,13
0,9659	24,44	29,72	23,59	0,9619	27,26	33,01	26,20
8	24,51	29,81	23,65	8	27,33	33,09	26,26
7	24,59	29,89	23,72	7	27,39	33,17	26,32
6	24,66	29,98	23,79	6	27,46	33,25	26,38
5	24,73	30,06	23,86	5	27,53	33,33	26,45
4	24,80	30,15	23,93	4	27,60	33,40	26,51
3	24,88	30,23	23,99	3	27,66	33,48	26,57
2	24,95	30,32	24,06	2	27,73	33,56	26,63
1	25,02	30,40	24,13	1	27,80	33,64	26,69
0	25,09	30,49	24,19	0	27,86	33,71	26,75
0,9649	25,17	30,57	24,26	0,9609	27,93	33,79	26,82
8	25,24	30,66	24,33	8	28,00	33,87	26,88
7	25,31	30,74	24,39	7	28,06	33,94	26,94
6	25,38	30,82	24,46	6	28,13	34,02	27,00
5	25,45	30,91	24,53	5	28,19	34,10	27,06
4	25,52	30,99	24,59	4	28,26	34,17	27,12
3	25,59	31,07	24,66	3	28,33	34,25	27,18
2	25,66	31,16	24,73	2	28,39	34,33	27,24
1	25,74	31,24	24,79	1	28,46	34,40	27,30
0	25,81	31,32	24,85	0	28,52	34,47	27,36
0,9639	25,88	31,41	24,92	0,9599	28,59	34,55	27,42

0,06
1 | 0,005
2 | 0,012
3 | 0,018
4 | 0,024
5 | 0,030
6 | 0,036
7 | 0,042
8 | 0,048
9 | 0,054

0,07
1 | 0,007
2 | 0,014
3 | 0,021
4 | 0,028
5 | 0,035
6 | 0,042
7 | 0,049
8 | 0,056
9 | 0,063

0,08
1 | 0,008
2 | 0,016
3 | 0,024
4 | 0,032
5 | 0,040
6 | 0,048
7 | 0,056
8 | 0,064
9 | 0,072

0,09
1 | 0,009
2 | 0,018
3 | 0,027
4 | 0,036
5 | 0,045
6 | 0,054
7 | 0,063
8 | 0,072
9 | 0,081

0,05	
1	0,005
2	0,010
3	0,015
4	0,020
5	0,025
6	0,030
7	0,035
8	0,040
9	0,045

0,06	
1	0,006
2	0,012
3	0,018
4	0,024
5	0,030
6	0,036
7	0,042
8	0,048
9	0,054

0,07	
1	0,007
2	0,014
3	0,021
4	0,028
5	0,035
6	0,042
7	0,049
8	0,056
9	0,063

0,08	
1	0,008
2	0,016
3	0,024
4	0,032
5	0,040
6	0,048
7	0,056
8	0,064
9	0,072

Spezifisches Gewicht $d\left(\frac{15^\circ}{15^\circ}\right)$	Gewichtsprozente Alkohol	Maaßprozente Alkohol	Gramm Alkohol in 100 ccm	Spezifisches Gewicht $d\left(\frac{15^\circ}{15^\circ}\right)$	Gewichtsprozente Alkohol	Maaßprozente Alkohol	Gramm Alkohol in 100 ccm
0,9599	**28,59**	**34,55**	**27,42**	**0,9559**	**31,11**	**37,44**	**29,71**
8	28,65	34,63	27,48	8	31,17	37,51	29,77
7	28,72	34,70	27,54	7	31,23	37,58	29,82
6	28,78	34,78	27,60	6	31,29	37,65	29,88
5	28,85	34,85	27,66	5	31,36	37,72	29,93
4	28,91	34,93	27,72	4	31,42	37,79	29,99
3	28,98	35,00	27,78	3	31,48	37,86	30,04
2	29,04	35,08	27,84	2	31,54	37,93	30,10
1	29,11	35,15	27,89	1	31,60	38,00	30,15
0	29,17	35,22	27,95	0	31,66	38,06	30,21
0,9589	**29,24**	**35,30**	**28,01**	**0,9549**	**31,72**	**38,13**	**30,26**
8	29,30	35,37	28,07	8	31,78	38,20	30,31
7	29,36	35,44	28,13	7	31,84	38,27	30,37
6	29,43	35,52	28,19	6	31,90	38,34	30,42
5	29,49	35,59	28,24	5	31,96	38,40	30,48
4	29,56	35,66	28,30	4	32,01	38,47	30,53
3	29,62	35,74	28,36	3	32,07	38,54	30,58
2	29,68	35,81	28,42	2	32,13	38,61	30,64
1	29,75	35,88	28,47	1	32,19	38,67	30,69
0	29,81	35,95	28,53	0	32,25	38,74	30,74
0,9579	**29,87**	**36,03**	**28,59**	**0,9539**	**32,31**	**38,81**	**30,80**
8	29,94	36,10	28,65	8	32,37	38,88	30,85
7	30,00	36,17	28,70	7	32,43	38,94	30,90
6	30,06	36,24	28,76	6	32,49	39,01	30,96
5	30,12	36,31	28,82	5	32,55	39,07	31,01
4	30,18	36,38	28,87	4	32,61	39,14	31,06
3	30,25	36,46	28,93	3	32,67	39,21	31,11
2	30,31	36,53	28,99	2	32,72	39,27	31,17
1	30,37	36,60	29,04	1	32,78	39,34	31,22
0	30,43	36,67	29,10	0	32,84	39,40	31,27
0,9569	**30,50**	**36,74**	**29,16**	**0,9529**	**32,90**	**39,47**	**31,32**
8	30,56	36,81	29,21	8	32,96	39,54	31,38
7	30,62	36,88	29,27	7	33,02	39,60	31,43
6	30,68	36,95	29,33	6	33,07	39,67	31,48
5	30,74	37,02	29,38	5	33,13	39,73	31,53
4	30,81	37,09	29,44	4	33,19	39,80	31,58
3	30,87	37,16	29,49	3	33,25	39,86	31,63
2	30,93	37,23	29,55	2	33,31	39,93	31,69
1	30,99	37,30	29,60	1	33,36	39,99	31,74
0	31,05	37,37	29,66	0	33,42	40,06	31,79
0,9559	**31,11**	**37,44**	**29,71**	**0,9519**	**33,48**	**40,12**	**31,84**

Spezifisches Gewicht $d\left(\frac{15°}{15°}\right)$	Gewichtsprozente Alkohol	Maaßprozente Alkohol	Gramm Alkohol in 100 ccm	Spezifisches Gewicht $d\left(\frac{15°}{15°}\right)$	Gewichtsprozente Alkohol	Maaßprozente Alkohol	Gramm Alkohol in 100 ccm
0,9519	33,48	40,12	31,84	0,9479	35,72	42,63	33,83
8	33,54	40,19	31,89	8	35,77	42,69	33,88
7	33,59	40,25	31,94	7	35,83	42,75	33,92
6	33,65	40,32	32,00	6	35,88	42,81	33,97
5	33,71	40,38	32,05	5	35,94	42,87	34,02
4	33,76	40,44	32,10	4	35,99	42,93	34,07
3	33,82	40,51	32,15	3	36,04	42,99	34,12
2	33,88	40,57	32,20	2	36,10	43,05	34,16
1	33,94	40,64	32,25	1	36,15	43,11	34,21
0	33,99	40,70	32,30	0	36,21	43,17	34,26
0,9509	34,05	40,76	32,35	0,9469	36,26	43,23	34,31
8	34,11	40,83	32,40	8	36,32	43,29	34,35
7	34,16	40,89	32,45	7	36,37	43,35	34,40
6	34,22	40,96	32,50	6	36,42	43,41	34,45
5	34,28	41,02	32,55	5	36,48	43,47	34,50
4	34,33	41,08	32,60	4	36,53	43,53	34,54
3	34,39	41,15	32,65	3	36,58	43,59	34,59
2	34,44	41,21	32,70	2	36,64	43,65	34,64
1	34,50	41,27	32,75	1	36,69	43,71	34,69
0	34,56	41,33	32,80	0	36,75	43,77	34,73
0,9499	34,61	41,40	32,85	0,9459	36,80	43,83	34,78
8	34,67	41,46	32,90	8	36,85	43,88	34,83
7	34,72	41,52	32,95	7	36,91	43,94	34,87
6	34,78	41,58	33,00	6	36,96	44,00	34,92
5	34,84	41,64	33,05	5	37,01	44,06	34,96
4	34,89	41,71	33,10	4	37,06	44,12	35,01
3	34,95	41,77	33,15	3	37,12	44,18	35,06
2	35,00	41,83	33,20	2	37,17	44,23	35,10
1	35,06	41,89	33,25	1	37,22	44,29	35,15
0	35,11	41,95	33,30	0	37,28	44,35	35,20
0,9489	35,17	42,02	33,34	0,9449	37,33	44,41	35,24
8	35,22	42,08	33,39	8	37,38	44,47	35,29
7	35,28	42,14	33,44	7	37,44	44,53	35,34
6	35,33	42,20	33,49	6	37,49	44,59	35,38
5	35,39	42,26	33,54	5	37,54	44,64	35,43
4	35,44	42,32	33,59	4	37,59	44,70	35,47
3	35,50	42,39	33,64	3	37,65	44,76	35,52
2	35,55	42,45	33,69	2	37,70	44,82	35,57
1	35,61	42,51	33,73	1	37,75	44,87	35,61
0	35,66	42,57	33,78	0	37,80	44,93	35,66
0,9479	35,72	42,63	33,83	0,9439	37,86	44,99	35,70

0,04
1 | 0,004
2 | 0,008
3 | 0,012
4 | 0,016
5 | 0,020
6 | 0,024
7 | 0,028
8 | 0,032
9 | 0,036

0,05
1 | 0,005
2 | 0,010
3 | 0,015
4 | 0,020
5 | 0,025
6 | 0,030
7 | 0,035
8 | 0,040
9 | 0,045

0,06
1 | 0,006
2 | 0,012
3 | 0,018
4 | 0,024
5 | 0,030
6 | 0,036
7 | 0,042
8 | 0,048
9 | 0,054

0,07
1 | 0,007
2 | 0,014
3 | 0,021
4 | 0,028
5 | 0,035
6 | 0,042
7 | 0,049
8 | 0,056
9 | 0,063

0,04	
1	0,004
2	0,008
3	0,012
4	0,016
5	0,020
6	0,024
7	0,028
8	0,032
9	0,036

0,05	
1	0,005
2	0,010
3	0,015
4	0,020
5	0,025
6	0,030
7	0,035
8	0,040
9	0,045

0,06	
1	0,006
2	0,012
3	0,018
4	0,024
5	0,030
6	0,036
7	0,042
8	0,048
9	0,054

Spezifisches Gewicht $d\left(\frac{15^\circ}{15^\circ}\right)$	Gewichtsprozente Alkohol	Maaßprozente Alkohol	Gramm Alkohol in 100 ccm	Spezifisches Gewicht $d\left(\frac{15^\circ}{15^\circ}\right)$	Gewichtsprozente Alkohol	Maaßprozente Alkohol	Gramm Alkohol in 100 ccm
0,9439	**37,86**	**44,99**	**35,70**	**0,9399**	**39,91**	**47,23**	**37,48**
8	37,91	45,05	35,75	8	39,96	47,29	37,53
7	37,96	45,10	35,79	7	40,01	47,34	37,57
6	38,01	45,16	35,84	6	40,06	47,40	37,61
5	38,07	45,22	35,88	5	40,11	47,45	37,66
4	38,12	45,28	35,93	4	40,16	47,51	37,70
3	38,17	45,33	35,97	3	40,22	47,56	37,74
2	38,22	45,39	36,02	2	40,27	47,61	37,79
1	38,27	45,45	36,06	1	40,32	47,67	37,83
0	38,33	45,50	36,11	0	40,37	47,72	37,87
0,9429	**38,38**	**45,56**	**36,16**	**0,9389**	**40,42**	**47,78**	**37,92**
8	38,43	45,62	36,20	8	40,47	47,83	37,96
7	38,48	45,67	36,25	7	40,52	47,89	38,00
6	38,53	45,73	36,29	6	40,57	47,94	38,04
5	38,59	45,79	36,34	5	40,62	47,99	38,09
4	38,64	45,84	36,38	4	40,67	48,05	38,13
3	38,69	45,90	36,43	3	40,72	48,10	38,17
2	38,74	45,95	36,47	2	40,77	48,15	38,21
1	38,79	46,01	36,51	1	40,82	48,21	38,26
0	38,84	46,07	36,56	0	40,87	48,26	38,30
0,9419	**38,89**	**46,12**	**36,60**	**0,9379**	**40,92**	**48,32**	**38,34**
8	38,94	46,18	36,65	8	40,97	48,37	38,38
7	39,00	46,24	36,69	7	41,01	48,42	38,43
6	39,05	46,29	36,74	6	41,06	48,48	38,47
5	39,10	46,35	36,78	5	41,11	48,53	38,51
4	39,15	46,40	36,82	4	41,16	48,58	38,55
3	39,20	46,46	36,87	3	41,21	48,64	38,60
2	39,25	46,51	36,91	2	41,26	48,69	38,64
1	39,30	46,57	36,96	1	41,31	48,74	38,68
0	39,35	46,63	37,00	0	41,36	48,80	38,72
0,9409	**39,40**	**46,68**	**37,05**	**0,9369**	**41,41**	**48,85**	**38,77**
8	39,46	46,74	37,09	8	41,46	48,90	38,81
7	39,51	46,79	37,13	7	41,51	48,96	38,85
6	39,56	46,85	37,18	6	41,56	49,01	38,89
5	39,61	46,90	37,22	5	41,61	49,06	38,93
4	39,66	46,96	37,26	4	41,66	49,11	38,98
3	39,71	47,01	37,31	3	41,71	49,17	39,02
2	39,76	47,07	37,35	2	41,76	49,22	39,06
1	39,81	47,12	37,39	1	41,81	49,27	39,10
0	39,86	47,18	37,44	0	41,85	49,33	39,14
0,9399	**39,91**	**47,23**	**37,48**	**0,9359**	**41,90**	**49,38**	**39,18**

Spezifisches Gewicht $d\left(\frac{15°}{15°}\right)$	Gewichtsprozente Alkohol	Maaßprozente Alkohol	Gramm Alkohol in 100 ccm	Spezifisches Gewicht $d\left(\frac{15°}{15°}\right)$	Gewichtsprozente Alkohol	Maaßprozente Alkohol	Gramm Alkohol in 100 ccm
0,9359	41,90	49,38	39,18	0,9319	43,84	51,44	40,82
8	41,95	49,43	39,23	8	43,89	51,49	40,86
7	42,00	49,48	39,27	7	43,94	51,54	40,90
6	42,05	49,53	39,31	6	43,99	51,59	40,94
5	42,10	49,59	39,35	5	44,03	51,64	40,98
4	42,15	49,64	39,39	4	44,08	51,69	41,02
3	42,20	49,69	39,43	3	44,13	51,74	41,06
2	42,25	49,74	39,47	2	44,18	51,79	41,10
1	42,30	49,80	39,52	1	44,22	51,84	41,14
0	42,34	49,85	39,56	0	44,27	51,89	41,18
0,9349	42,39	49,90	39,60	0,9309	44,32	51,94	41,22
8	42,44	49,95	39,64	8	44,37	51,99	41,26
7	42,49	50,00	39,68	7	44,41	52,04	41,30
6	42,54	50,06	39,72	6	44,46	52,09	41,34
5	42,59	50,11	39,76	5	44,51	52,14	41,38
4	42,64	50,16	39,81	4	44,56	52,19	41,42
3	42,68	50,21	39,85	3	44,60	52,24	41,46
2	42,73	50,26	39,89	2	44,65	52,29	41,50
1	42,78	50,31	39,93	1	44,70	52,34	41,54
0	42,83	50,37	39,97	0	44,75	52,39	41,58
0,9339	42,88	50,42	40,01	0,9299	44,79	52,44	41,62
8	42,93	50,47	40,05	8	44,84	52,49	41,66
7	42,98	50,52	40,09	7	44,89	52,54	41,70
6	43,02	50,57	40,13	6	44,94	52,59	41,74
5	43,07	50,62	40,17	5	44,98	52,64	41,78
4	43,12	50,68	40,22	4	45,03	52,69	41,82
3	43,17	50,73	40,26	3	45,08	52,74	41,86
2	43,22	50,78	40,30	2	45,13	52,79	41,90
1	43,27	50,83	40,34	1	45,17	52,84	41,93
0	43,31	50,88	40,38	0	45,22	52,89	41,97
0,9329	43,36	50,93	40,42	0,9289	45,27	52,94	42,01
8	43,41	50,98	40,46	8	45,31	52,99	42,05
7	43,46	51,03	40,50	7	45,36	53,04	42,09
6	43,51	51,08	40,54	6	45,41	53,09	42,13
5	43,55	51,14	40,58	5	45,46	53,14	42,17
4	43,60	51,19	40,62	4	45,50	53,19	42,21
3	43,65	51,24	40,66	3	45,55	53,24	42,25
2	43,70	51,29	40,70	2	45,60	53,29	42,29
1	43,75	51,34	40,74	1	45,64	53,34	42,33
0	43,79	51,39	40,78	0	45,69	53,39	42,37
0,9319	43,84	51,44	40,82	0,9279	45,74	53,43	42,40

0,03
1 | 0,003
2 | 0,006
3 | 0,009
4 | 0,012
5 | 0,015
6 | 0,018
7 | 0,021
8 | 0,024
9 | 0,027

0,04
1 | 0,004
2 | 0,008
3 | 0,012
4 | 0,016
5 | 0,020
6 | 0,024
7 | 0,028
8 | 0,032
9 | 0,036

0,05
1 | 0,005
2 | 0,010
3 | 0,015
4 | 0,020
5 | 0,025
6 | 0,030
7 | 0,035
8 | 0,040
9 | 0,045

0,06
1 | 0,006
2 | 0,012
3 | 0,018
4 | 0,024
5 | 0,030
6 | 0,036
7 | 0,042
8 | 0,048
9 | 0,054

Spezifisches Gewicht $d\left(\frac{15^\circ}{15^\circ}\right)$	Gewichtsprozente Alkohol	Maaßprozente Alkohol	Gramm Alkohol in 100 ccm	Spezifisches Gewicht $d\left(\frac{15^\circ}{15^\circ}\right)$	Gewichtsprozente Alkohol	Maaßprozente Alkohol	Gramm Alkohol in 100 ccm
0,9279	**45,74**	**53,43**	**42,40**	**0,9239**	**47,60**	**55,37**	**43,94**
8	45,78	53,48	42,44	8	47,64	55,42	43,98
7	45,83	53,53	42,48	7	47,69	55,46	44,01
6	45,88	53,58	42,52	6	47,74	55,51	44,05
5	45,93	53,63	42,56	5	47,78	55,56	44,09
4	45,97	53,68	42,60	4	47,83	55,61	44,13
3	46,02	53,73	42,64	3	47,88	55,65	44,17
2	46,07	53,78	42,68	2	47,92	55,70	44,20
1	46,11	53,83	42,72	1	47,97	55,75	44,24
0	46,16	53,88	42,76	0	48,01	55,80	44,28
0,9269	**46,21**	**53,92**	**42,79**	**0,9229**	**48,06**	**55,84**	**44,32**
8	46,25	53,97	42,83	8	48,10	55,89	44,36
7	46,30	54,02	42,87	7	48,15	55,94	44,39
6	46,35	54,07	42,91	6	48,20	55,99	44,43
5	46,39	54,12	42,95	5	48,24	56,03	44,47
4	46,44	54,17	42,98	4	48,29	56,08	44,50
3	46,49	54,21	43,02	3	48,33	56,13	44,54
2	46,53	54,26	43,06	2	48,38	56,18	44,58
1	46,58	54,31	43,10	1	48,43	56,22	44,62
0	46,63	54,36	43,14	0	48,47	56,27	44,65
0,9259	**46,67**	**54,41**	**43,18**	**0,9219**	**48,52**	**56,32**	**44,69**
8	46,72	54,46	43,22	8	48,56	56,36	44,73
7	46,77	54,50	43,25	7	48,61	56,41	44,77
6	46,81	54,55	43,29	6	48,66	56,46	44,80
5	46,86	54,60	43,33	5	48,70	56,50	44,84
4	46,90	54,65	43,37	4	48,75	56,55	44,88
3	46,95	54,70	43,41	3	48,79	56,60	44,92
2	47,00	54,75	43,45	2	48,84	56,64	44,95
1	47,04	54,80	43,48	1	48,88	56,69	44,99
0	47,09	54,84	43,52	0	48,93	56,74	45,03
0,9249	**47,14**	**54,89**	**43,56**	**0,9209**	**48,98**	**56,78**	**45,06**
8	47,18	54,94	43,60	8	49,02	56,83	45,10
7	47,23	54,99	43,64	7	49,07	56,88	45,14
6	47,28	55,03	43,67	6	49,11	56,93	45,17
5	47,32	55,08	43,71	5	49,16	56,97	45,21
4	47,37	55,13	43,75	4	49,20	57,02	45,25
3	47,41	55,18	43,79	3	49,25	57,07	45,29
2	47,46	55,23	43,83	2	49,29	57,11	45,32
1	47,51	55,27	43,86	1	49,34	57,16	45,36
0	47,55	55,32	43,90	0	49,39	57,21	45,40
0,9239	**47,60**	**55,37**	**43,94**	**0,9199**	**49,43**	**57,25**	**45,43**

	0,03	0,04	0,05
1	0,003	0,004	0,005
2	0,006	0,008	0,010
3	0,009	0,012	0,015
4	0,012	0,016	0,020
5	0,015	0,020	0,025
6	0,018	0,024	0,030
7	0,021	0,028	0,035
8	0,024	0,032	0,040
9	0,027	0,036	0,045

Spezifisches Gewicht $d\left(\frac{15°}{15°}\right)$	Gewichts= prozente Alkohol	Maaß= prozente Alkohol	Gramm Alkohol in 100 ccm	Spezifisches Gewicht $d\left(\frac{15°}{15°}\right)$	Gewichts= prozente Alkohol	Maaß= prozente Alkohol	Gramm Alkohol in 100 ccm
0,9199	49,43	57,25	45,43	0,9159	51,24	59,09	46,89
8	49,48	57,30	45,47	8	51,29	59,14	46,93
7	49,52	57,34	45,51	7	51,33	59,18	46,96
6	49,57	57,39	45,54	6	51,38	59,23	47,00
5	49,61	57,44	45,58	5	51,42	59,27	47,04
4	49,66	57,48	45,62	4	51,47	59,32	47,07
3	49,70	57,53	45,66	3	51,51	59,36	47,11
2	49,75	57,58	45,69	2	51,56	59,41	47,14
1	49,80	57,62	45,73	1	51,60	59,45	47,18
0	49,84	57,67	45,76	0	51,65	59,50	47,22
0,9189	49,89	57,72	45,80	0,9149	51,69	59,54	47,25
8	49,93	57,76	45,84	8	51,73	59,59	47,29
7	49,98	57,81	45,87	7	51,78	59,63	47,32
6	50,02	57,85	45,91	6	51,82	59,68	47,36
5	50,07	57,90	45,95	5	51,87	59,72	47,39
4	50,11	57,95	45,98	4	51,91	59,77	47,43
3	50,16	57,99	46,02	3	51,96	59,81	47,47
2	50,20	58,04	46,06	2	52,00	59,86	47,50
1	50,25	58,08	46,09	1	52,05	59,90	47,54
0	50,29	58,13	46,13	0	52,09	59,95	47,57
0,9179	50,34	58,18	46,17	0,9139	52,14	59,99	47,61
8	50,38	58,22	46,20	8	52,18	60,04	47,64
7	50,43	58,27	46,24	7	52,23	60,08	47,68
6	50,47	58,31	46,28	6	52,27	60,13	47,72
5	50,52	58,36	46,31	5	52,32	60,17	47,75
4	50,57	58,41	46,35	4	52,36	60,22	47,79
3	50,61	58,45	46,39	3	52,41	60,26	47,82
2	50,66	58,50	46,42	2	52,45	60,31	47,85
1	50,70	58,54	46,46	1	52,50	60,35	47,89
0	50,75	58,59	46,49	0	52,54	60,40	47,93
0,9169	50,79	58,63	46,53	0,9129	52,59	60,44	47,96
8	50,84	58,68	46,57	8	52,63	60,49	48,00
7	50,88	58,73	46,60	7	52,67	60,53	48,04
6	50,93	58,77	46,64	6	52,72	60,58	48,07
5	50,97	58,82	46,67	5	52,76	60,62	48,11
4	51,02	58,86	46,71	4	52,81	60,67	48,14
3	51,06	58,91	46,75	3	52,85	60,71	48,18
2	51,11	58,95	46,78	2	52,90	60,75	48,21
1	51,15	59,00	46,82	1	52,94	60,80	48,25
0	51,20	59,05	46,86	0	52,99	60,84	48,28
0,9159	51,24	59,09	46,89	0,9119	53,03	60,89	48,32

0,03	
1	0,003
2	0,006
3	0,009
4	0,012
5	0,015
6	0,018
7	0,021
8	0,024
9	0,027

0,04	
1	0,004
2	0,008
3	0,012
4	0,016
5	0,020
6	0,024
7	0,028
8	0,032
9	0,036

0,05	
1	0,005
2	0,010
3	0,015
4	0,020
5	0,025
6	0,030
7	0,035
8	0,040
9	0,045

0,03	
1	0,003
2	0,006
3	0,009
4	0,012
5	0,015
6	0,018
7	0,021
8	0,024
9	0,027

0,04	
1	0,004
2	0,008
3	0,012
4	0,016
5	0,020
6	0,024
7	0,028
8	0,032
9	0,036

0,05	
1	0,005
2	0,010
3	0,015
4	0,020
5	0,025
6	0,030
7	0,035
8	0,040
9	0,045

Spezifisches Gewicht $d\left(\frac{15^\circ}{15^\circ}\right)$	Gewichtsprozente Alkohol	Maaßprozente Alkohol	Gramm Alkohol in 100 ccm	Spezifisches Gewicht $d\left(\frac{15^\circ}{15^\circ}\right)$	Gewichtsprozente Alkohol	Maaßprozente Alkohol	Gramm Alkohol in 100 ccm
0,9119	**53,03**	**60,89**	**48,32**	**0,9079**	**54,81**	**62,65**	**49,72**
8	53,08	60,93	48,35	8	54,85	62,69	49,75
7	53,12	60,98	48,39	7	54,90	62,74	49,79
6	53,17	61,02	48,42	6	54,94	62,78	49,82
5	53,21	61,06	48,46	5	54,98	62,82	49,86
4	53,25	61,11	48,49	4	55,03	62,87	49,89
3	53,30	61,15	48,53	3	55,07	62,91	49,92
2	53,34	61,20	48,56	2	55,12	62,95	49,96
1	53,39	61,24	48,60	1	55,16	63,00	49,99
0	53,43	61,29	48,64	0	55,20	63,04	50,03
0,9109	**53,48**	**61,33**	**48,67**	**0,9069**	**55,25**	**63,08**	**50,06**
8	53,52	61,37	48,71	8	55,29	63,13	50,10
7	53,57	61,42	48,74	7	55,34	63,17	50,13
6	53,61	61,46	48,78	6	55,38	63,21	50,17
5	53,65	61,51	48,81	5	55,43	63,26	50,20
4	53,70	61,55	48,85	4	55,47	63,30	50,23
3	53,74	61,60	48,88	3	55,51	63,34	50,27
2	53,79	61,64	48,92	2	55,56	63,39	50,30
1	53,83	61,68	48,95	1	55,60	63,43	50,34
0	53,88	61,73	48,99	0	55,65	63,47	50,37
0,9099	**53,92**	**61,77**	**49,02**	**0,9059**	**55,69**	**63,52**	**50,41**
8	53,97	61,82	49,06	8	55,73	63,56	50,44
7	54,01	61,86	49,09	7	55,78	63,60	50,47
6	54,05	61,90	49,13	6	55,82	63,65	50,51
5	54,10	61,95	49,16	5	55,87	63,69	50,54
4	54,14	61,99	49,20	4	55,91	63,73	50,58
3	54,19	62,04	49,23	3	55,95	63,78	50,61
2	54,23	62,08	49,27	2	56,00	63,82	50,65
1	54,28	62,13	49,30	1	56,04	63,86	50,68
0	54,32	62,17	49,33	0	56,09	63,91	50,71
0,9089	**54,36**	**62,21**	**49,37**	**0,9049**	**56,13**	**63,95**	**50,75**
8	54,41	62,26	49,41	8	56,17	63,99	50,78
7	54,45	62,30	49,44	7	56,22	64,03	50,82
6	54,50	62,34	49,47	6	56,26	64,08	50,85
5	54,54	62,39	49,51	5	56,31	64,12	50,89
4	54,59	62,43	49,54	4	56,35	64,16	50,92
3	54,63	62,47	49,58	3	56,39	64,21	50,95
2	54,67	62,52	49,61	2	56,44	64,25	50,99
1	54,72	62,56	49,65	1	56,48	64,29	51,02
0	54,76	62,61	49,68	0	56,52	64,34	51,06
0,9079	**54,81**	**62,65**	**49,72**	**0,9039**	**56,57**	**64,38**	**51,09**

Spezifisches Gewicht $d\left(\frac{15°}{15°}\right)$	Gewichtsprozente Alkohol	Maaßprozente Alkohol	Gramm Alkohol in 100 ccm	Spezifisches Gewicht $d\left(\frac{15°}{15°}\right)$	Gewichtsprozente Alkohol	Maaßprozente Alkohol	Gramm Alkohol in 100 ccm
0,9039	56,57	64,38	51,09	0,8999	58,32	66,08	52,44
8	56,61	64,42	51,12	8	58,36	66,12	52,47
7	56,66	64,46	51,16	7	58,41	66,16	52,50
6	56,70	64,51	51,19	6	58,45	66,20	52,54
5	56,74	64,55	51,23	5	58,49	66,24	52,57
4	56,79	64,59	51,26	4	58,54	66,29	52,60
3	56,83	64,63	51,29	3	58,58	66,33	52,64
2	56,88	64,68	51,33	2	58,62	66,37	52,67
1	56,92	64,72	51,36	1	58,67	66,41	52,70
0	56,96	64,76	51,39	0	58,71	66,45	52,74
0,9029	57,01	64,81	51,43	0,8989	58,75	66,50	52,77
8	57,05	64,85	51,46	8	58,80	66,54	52,80
7	57,09	64,89	51,49	7	58,84	66,58	52,84
6	57,14	64,93	51,53	6	58,88	66,62	52,87
5	57,18	64,98	51,56	5	58,93	66,66	52,90
4	57,23	65,02	51,60	4	58,97	66,70	52,94
3	57,27	65,06	51,63	3	59,02	66,75	52,97
2	57,31	65,10	51,66	2	59,06	66,79	53,00
1	57,36	65,15	51,70	1	59,10	66,83	53,04
0	57,40	65,19	51,73	0	59,15	66,87	53,07
0,9019	57,44	65,23	51,77	0,8979	59,19	66,91	53,10
8	57,49	65,27	51,80	8	59,23	66,96	53,13
7	57,53	65,31	51,83	7	59,27	67,00	53,17
6	57,58	65,36	51,87	6	59,32	67,04	53,20
5	57,62	65,40	51,90	5	59,36	67,08	53,23
4	57,66	65,44	51,93	4	59,41	67,12	53,27
3	57,71	65,48	51,96	3	59,45	67,16	53,30
2	57,75	65,53	52,00	2	59,49	67,21	53,33
1	57,79	65,57	52,03	1	59,54	67,25	53,37
0	57,84	65,61	52,07	0	59,58	67,29	53,40
0,9009	57,88	65,65	52,10	0,8969	59,62	67,33	53,43
8	57,93	65,70	52,14	8	59,67	67,37	53,47
7	57,97	65,74	52,17	7	59,71	67,41	53,50
6	58,01	65,78	52,20	6	59,75	67,46	53,53
5	58,06	65,82	52,24	5	59,80	67,50	53,56
4	58,10	65,87	52,27	4	59,84	67,54	53,60
3	58,14	65,91	52,30	3	59,88	67,58	53,63
2	58,19	65,95	52,34	2	59,93	67,62	53,66
1	58,23	65,99	52,37	1	59,97	67,66	53,70
0	58,27	66,03	52,40	0	60,02	67,70	53,73
0,8999	58,32	66,08	52,44	0,8959	60,06	67,74	53,76

0,03
1 | 0,003
2 | 0,006
3 | 0,009
4 | 0,012
5 | 0,015
6 | 0,018
7 | 0,021
8 | 0,024
9 | 0,027

0,04
1 | 0,004
2 | 0,008
3 | 0,012
4 | 0,016
5 | 0,020
6 | 0,024
7 | 0,028
8 | 0,032
9 | 0,036

0,05
1 | 0,005
2 | 0,010
3 | 0,015
4 | 0,020
5 | 0,025
6 | 0,030
7 | 0,035
8 | 0,040
9 | 0,045

Spezifisches Gewicht $d\left(\frac{15^\circ}{15^\circ}\right)$	Gewichtsprozente Alkohol	Maaßprozente Alkohol	Gramm Alkohol in 100 ccm	Spezifisches Gewicht $d\left(\frac{15^\circ}{15^\circ}\right)$	Gewichtsprozente Alkohol	Maaßprozente Alkohol	Gramm Alkohol in 100 ccm
0,8959	**60,06**	**67,74**	**53,76**	**0,8919**	**61,79**	**69,39**	**55,06**
8	60,10	67,79	53,79	8	61,83	69,43	55,10
7	60,15	67,83	53,83	7	61,88	69,47	55,13
6	60,19	67,87	53,86	6	61,92	69,51	55,16
5	60,23	67,91	53,89	5	61,96	69,55	55,19
4	60,28	67,95	53,93	4	62,01	69,59	55,22
3	60,32	67,99	53,96	3	62,05	69,63	55,26
2	60,36	68,03	53,99	2	62,09	69,67	55,29
1	60,41	68,08	54,02	1	62,13	69,71	55,32
0	60,45	68,12	54,05	0	62,18	69,75	55,35
0,8949	**60,49**	**68,16**	**54,09**	**0,8909**	**62,22**	**69,79**	**55,38**
8	60,54	68,20	54,12	8	62,26	69,83	55,42
7	60,58	68,24	54,15	7	62,31	69,87	55,45
6	60,62	68,28	54,19	6	62,35	69,91	55,48
5	60,66	68,32	54,22	5	62,39	69,95	55,51
4	60,71	68,36	54,25	4	62,44	69,99	55,55
3	60,75	68,40	54,28	3	62,48	70,03	55,58
2	60,79	68,45	54,32	2	62,52	70,08	55,61
1	60,84	68,49	54,35	1	62,57	70,12	55,64
0	60,88	68,53	54,38	0	62,61	70,16	55,67
0,8939	**60,92**	**68,57**	**54,42**	**0,8899**	**62,65**	**70,20**	**55,71**
8	60,97	68,61	54,45	8	62,69	70,24	55,74
7	61,01	68,65	54,48	7	62,74	70,28	55,77
6	61,05	68,69	54,51	6	62,78	70,32	55,80
5	61,10	68,73	54,54	5	62,82	70,36	55,83
4	61,14	68,77	54,58	4	62,87	70,40	55,87
3	61,18	68,81	54,61	3	62,91	70,44	55,90
2	61,23	68,85	54,64	2	62,95	70,48	55,93
1	61,27	68,89	54,67	1	63,00	70,52	55,96
0	61,31	68,94	54,71	0	63,04	70,56	55,99
0,8929	**61,36**	**68,98**	**54,74**	**0,8889**	**63,08**	**70,60**	**56,03**
8	61,40	69,02	54,77	8	63,12	70,64	56,06
7	61,44	69,06	54,80	7	63,17	70,68	56,09
6	61,49	69,10	54,84	6	63,21	70,72	56,12
5	61,53	69,14	54,87	5	63,25	70,76	56,15
4	61,57	69,18	54,90	4	63,30	70,80	56,19
3	61,62	69,22	54,93	3	63,34	70,84	56,22
2	61,66	69,26	54,96	2	63,38	70,88	56,25
1	61,70	69,30	55,00	1	63,42	70,92	56,28
0	61,75	69,34	55,03	0	63,47	70,96	56,31
0,8919	**61,79**	**69,39**	**55,06**	**0,8879**	**63,51**	**71,00**	**56,34**

	0,03
1	0,003
2	0,006
3	0,009
4	0,012
5	0,015
6	0,018
7	0,021
8	0,024
9	0,027

	0,04
1	0,004
2	0,008
3	0,012
4	0,016
5	0,020
6	0,024
7	0,028
8	0,032
9	0,036

	0,05
1	0,005
2	0,010
3	0,015
4	0,020
5	0,025
6	0,030
7	0,035
8	0,040
9	0,045

Spezifisches Gewicht $d\left(\frac{15°}{15°}\right)$	Gewichtsprozente Alkohol	Maaßprozente Alkohol	Gramm Alkohol in 100 ccm	Spezifisches Gewicht $d\left(\frac{15°}{15°}\right)$	Gewichtsprozente Alkohol	Maaßprozente Alkohol	Gramm Alkohol in 100 ccm
0,8879	63,51	71,00	56,34	0,8839	65,22	72,59	57,60
8	63,55	71,04	56,38	8	65,27	72,62	57,63
7	63,60	71,08	56,41	7	65,31	72,66	57,67
6	63,64	71,12	56,44	6	65,35	72,70	57,70
5	63,68	71,16	56,47	5	65,40	72,74	57,73
4	63,73	71,20	56,50	4	65,44	72,78	57,76
3	63,77	71,24	56,53	3	65,48	72,82	57,79
2	63,81	71,28	56,57	2	65,52	72,86	57,82
1	63,85	71,32	56,60	1	65,57	72,90	57,85
0	63,90	71,36	56,63	0	65,61	72,94	57,88
0,8869	63,94	71,40	56,66	0,8829	65,65	72,98	57,91
8	63,98	71,44	56,69	8	65,69	73,02	57,95
7	64,03	71,48	56,72	7	65,74	73,06	57,98
6	64,07	71,52	56,75	6	65,78	73,10	58,01
5	64,11	71,56	56,79	5	65,82	73,14	58,04
4	64,15	71,60	56,82	4	65,87	73,18	58,07
3	64,20	71,64	56,85	3	65,91	73,22	58,10
2	64,24	71,68	56,88	2	65,95	73,25	58,13
1	64,28	71,72	56,91	1	65,99	73,29	58,16
0	64,33	71,76	56,94	0	66,04	73,33	58,19
0,8859	64,37	71,80	56,97	0,8819	66,08	73,37	58,23
8	64,41	71,84	57,01	8	66,12	73,41	58,26
7	64,45	71,88	57,04	7	66,16	73,45	58,29
6	64,50	71,92	57,07	6	66,21	73,49	58,32
5	64,54	71,96	57,10	5	66,25	73,53	58,35
4	64,58	71,99	57,13	4	66,29	73,57	58,38
3	64,63	72,03	57,17	3	66,33	73,60	58,41
2	64,67	72,07	57,20	2	66,38	73,64	58,44
1	64,71	72,11	57,23	1	66,42	73,68	58,47
0	64,75	72,15	57,26	0	66,46	73,72	58,50
0,8849	64,80	72,19	57,29	0,8809	66,50	73,76	58,53
8	64,84	72,23	57,32	8	66,55	73,80	58,57
7	64,88	72,27	57,35	7	66,59	73,84	58,60
6	64,93	72,31	57,39	6	66,63	73,88	58,63
5	64,97	72,35	57,42	5	66,67	73,92	58,66
4	65,01	72,39	57,45	4	66,72	73,95	58,69
3	65,05	72,43	57,48	3	66,76	73,99	58,72
2	65,10	72,47	57,51	2	66,80	74,03	58,75
1	65,14	72,51	57,54	1	66,84	74,07	58,78
0	65,18	72,55	57,57	0	66,89	74,11	58,81
0,8839	65,22	72,59	57,60	0,8799	66,93	74,15	58,84

0,03

1	0,003
2	0,006
3	0,009
4	0,012
5	0,015
6	0,018
7	0,021
8	0,024
9	0,027

0,04

1	0,004
2	0,008
3	0,012
4	0,016
5	0,020
6	0,024
7	0,028
8	0,032
9	0,036

0,05

1	0,005
2	0,010
3	0,015
4	0,020
5	0,025
6	0,030
7	0,035
8	0,040
9	0,045

0,03	
1	0,003
2	0,006
3	0,009
4	0,012
5	0,015
6	0,018
7	0,021
8	0,024
9	0,027

0,04	
1	0,004
2	0,008
3	0,012
4	0,016
5	0,020
6	0,024
7	0,028
8	0,032
9	0,036

0,05	
1	0,005
2	0,010
3	0,015
4	0,020
5	0,025
6	0,030
7	0,035
8	0,040
9	0,045

Spezifisches Gewicht $d\left(\frac{15^\circ}{15^\circ}\right)$	Gewichts-prozente Alkohol	Maaß-prozente Alkohol	Gramm Alkohol in 100 ccm	Spezifisches Gewicht $d\left(\frac{15^\circ}{15^\circ}\right)$	Gewichts-prozente Alkohol	Maaß-prozente Alkohol	Gramm Alkohol in 100 ccm
0,8799	**66,93**	**74,15**	**58,84**	**0,8759**	**68,63**	**75,68**	**60,06**
8	66,97	74,19	58,87	8	68,67	75,72	60,09
7	67,01	74,22	58,90	7	68,71	75,76	60,12
6	67,06	74,26	58,93	6	68,75	75,80	60,15
5	67,10	74,30	58,96	5	68,80	75,84	60,18
4	67,14	74,34	58,99	4	68,84	75,87	60,21
3	67,18	74,38	59,03	3	68,88	75,91	60,24
2	67,23	74,42	59,06	2	68,92	75,95	60,27
1	67,27	74,46	59,09	1	68,97	75,99	60,30
0	67,31	74,49	59,12	0	69,01	76,02	60,33
0,8789	**67,35**	**74,53**	**59,15**	**0,8749**	**69,05**	**76,06**	**60,36**
8	67,40	74,57	59,18	8	69,09	76,10	60,39
7	67,44	74,61	59,21	7	69,13	76,14	60,42
6	67,48	74,65	59,24	6	69,18	76,18	60,45
5	67,52	74,69	59,27	5	69,22	76,21	60,48
4	67,57	74,72	59,30	4	69,26	76,25	60,51
3	67,61	74,76	59,33	3	69,30	76,29	60,54
2	67,65	74,80	59,36	2	69,35	76,33	60,57
1	67,69	74,84	59,39	1	69,39	76,36	60,60
0	67,74	74,88	59,42	0	69,43	76,40	60,63
0,8779	**67,78**	**74,92**	**59,45**	**0,8739**	**69,47**	**76,44**	**60,66**
8	67,82	74,96	59,48	8	69,51	76,48	60,69
7	67,86	75,00	59,51	7	69,56	76,51	60,72
6	67,91	75,03	59,54	6	69,60	76,55	60,75
5	67,95	75,07	59,57	5	69,64	76,59	60,78
4	67,99	75,11	59,61	4	69,68	76,63	60,81
3	68,03	75,15	59,64	3	69,73	76,67	60,84
2	68,08	75,19	59,67	2	69,77	76,70	60,87
1	68,12	75,22	59,70	1	69,81	76,74	60,90
0	68,16	75,26	59,73	0	69,85	76,78	60,93
0,8769	**68,20**	**75,30**	**59,76**	**0,8729**	**69,89**	**76,82**	**60,96**
8	68,24	75,34	59,79	8	69,94	76,85	60,99
7	68,29	75,38	59,82	7	69,98	76,89	61,02
6	68,33	75,41	59,85	6	70,02	76,93	61,05
5	68,37	75,45	59,88	5	70,06	76,97	61,08
4	68,41	75,49	59,91	4	70,11	77,00	61,11
3	68,46	75,53	59,94	3	70,15	77,04	61,14
2	68,50	75,57	59,97	2	70,19	77,08	61,17
1	68,54	75,60	60,00	1	70,23	77,12	61,20
0	68,58	75,64	60,03	0	70,27	77,15	61,23
0,8759	**68,63**	**75,68**	**60,06**	**0,8719**	**70,32**	**77,19**	**61,26**

Spezifisches Gewicht $d\left(\frac{15°}{15°}\right)$	Gewichts- prozente Alkohol	Maaß- prozente Alkohol	Gramm Alkohol in 100 ccm	Spezifisches Gewicht $d\left(\frac{15°}{15°}\right)$	Gewichts- prozente Alkohol	Maaß- prozente Alkohol	Gramm Alkohol in 100 ccm
0,8719	70,32	77,19	61,26	0,8679	72,00	78,67	62,43
8	70,36	77,23	61,29	8	72,04	78,71	62,46
7	70,40	77,27	61,32	7	72,08	78,74	62,49
6	70,44	77,30	61,35	6	72,12	78,78	62,52
5	70,48	77,34	61,38	5	72,16	78,82	62,55
4	70,53	77,38	61,40	4	72,21	78,86	62,58
3	70,57	77,41	61,43	3	72,25	78,89	62,61
2	70,61	77,45	61,46	2	72,29	78,93	62,64
1	70,65	77,49	61,49	1	72,33	78,97	62,67
0	70,70	77,53	61,52	0	72,37	79,00	62,69
0,8709	70,74	77,57	61,55	0,8669	72,42	79,04	62,72
8	70,78	77,60	61,58	8	72,46	79,08	62,75
7	70,82	77,64	61,61	7	72,50	79,11	62,78
6	70,86	77,68	61,64	6	72,54	79,15	62,81
5	70,91	77,71	61,67	5	72,58	79,18	62,84
4	70,95	77,75	61,70	4	72,62	79,22	62,87
3	70,99	77,79	61,73	3	72,67	79,26	62,90
2	71,03	77,82	61,76	2	72,71	79,29	62,93
1	71,07	77,86	61,79	1	72,75	79,33	62,96
0	71,12	77,90	61,82	0	72,79	79,37	62,98
0,8699	71,16	77,94	61,85	0,8659	72,83	79,40	63,01
8	71,20	77,97	61,88	8	72,88	79,44	63,04
7	71,24	78,01	61,91	7	72,92	79,48	63,07
6	71,28	78,05	61,94	6	72,96	79,51	63,10
5	71,33	78,08	61,97	5	73,00	79,55	63,13
4	71,37	78,12	62,00	4	73,04	79,59	63,16
3	71,41	78,16	62,02	3	73,08	79,62	63,19
2	71,45	78,19	62,05	2	73,13	79,66	63,22
1	71,49	78,23	62,08	1	73,17	79,69	63,24
0	71,54	78,27	62,11	0	73,21	79,73	63,27
0,8689	71,58	78,30	62,14	0,8649	73,25	79,77	63,30
8	71,62	78,34	62,17	8	73,29	79,80	63,33
7	71,66	78,38	62,20	7	73,33	79,84	63,36
6	71,70	78,42	62,23	6	73,38	79,88	63,39
5	71,74	78,45	62,26	5	73,42	79,91	63,41
4	71,79	78,49	62,29	4	73,46	79,95	63,44
3	71,83	78,53	62,32	3	73,50	79,98	63,47
2	71,87	78,56	62,35	2	73,54	80,02	63,50
1	71,91	78,60	62,37	1	73,58	80,06	63,53
0	71,95	78,64	62,40	0	73,63	80,09	63,56
0,8679	72,00	78,67	62,43	0,8639	73,67	80,13	63,59

0,02
1	0,002
2	0,004
3	0,006
4	0,008
5	0,010
6	0,012
7	0,014
8	0,016
9	0,018

0,03
1	0,003
2	0,006
3	0,009
4	0,012
5	0,015
6	0,018
7	0,021
8	0,024
9	0,027

0,04
1	0,004
2	0,008
3	0,012
4	0,016
5	0,020
6	0,024
7	0,028
8	0,032
9	0,036

0,05
1	0,005
2	0,010
3	0,015
4	0,020
5	0,025
6	0,030
7	0,035
8	0,040
9	0,045

0,02	
1	0,002
2	0,004
3	0,006
4	0,008
5	0,010
6	0,012
7	0,014
8	0,016
9	0,018

0,03	
1	0,003
2	0,006
3	0,009
4	0,012
5	0,015
6	0,018
7	0,021
8	0,024
9	0,027

0,04	
1	0,004
2	0,008
3	0,012
4	0,016
5	0,020
6	0,024
7	0,028
8	0,032
9	0,036

0,05	
1	0,005
2	0,010
3	0,015
4	0,020
5	0,025
6	0,030
7	0,035
8	0,040
9	0,045

Spezifisches Gewicht $d\left(\frac{15^\circ}{15^\circ}\right)$	Gewichtsprozente Alkohol	Maaßprozente Alkohol	Gramm Alkohol in 100 ccm	Spezifisches Gewicht $d\left(\frac{15^\circ}{15^\circ}\right)$	Gewichtsprozente Alkohol	Maaßprozente Alkohol	Gramm Alkohol in 100 ccm
0,8639	**73,67**	**80,13**	**63,59**	**0,8599**	**75,33**	**81,56**	**64,72**
8	73,71	80,16	63,62	8	75,37	81,59	64,75
7	73,75	80,20	63,64	7	75,41	81,63	64,78
6	73,79	80,24	63,67	6	75,45	81,66	64,81
5	73,83	80,27	63,70	5	75,50	81,70	64,84
4	73,88	80,31	63,73	4	75,54	81,74	64,86
3	73,92	80,34	63,76	3	75,58	81,77	64,89
2	73,96	80,38	63,79	2	75,62	81,80	64,92
1	74,00	80,42	63,82	1	75,66	81,84	64,95
0	74,04	80,45	63,85	0	75,70	81,87	64,97
0,8629	**74,08**	**80,49**	**63,87**	**0,8589**	**75,74**	**81,91**	**65,00**
8	74,13	80,52	63,90	8	75,79	81,94	65,03
7	74,17	80,56	63,93	7	75,83	81,98	65 06
6	74,21	80,59	63,96	6	75,87	82,01	65,09
5	74,25	80,63	63,99	5	75,91	82,05	65,11
4	74,29	80,67	64,02	4	75,95	82,08	65,14
3	74,33	80,70	64,04	3	75,99	82,12	65,17
2	74,38	80,74	64,07	2	76,03	82,15	65,20
1	74,42	80,77	64,10	1	76,08	82,19	65,22
0	74,46	80,81	64,13	0	76,12	82,23	65,25
0,8619	**74,50**	**80,85**	**64,16**	**0,8579**	**76,16**	**82,26**	**65,28**
8	74,54	80,88	64,19	8	76,20	82,30	65,31
7	74,58	80,92	64,21	7	76,24	82,33	65,34
6	74,63	80,95	64,24	6	76,28	82,36	65,36
5	74,67	80,99	64,27	5	76,32	82,40	65,39
4	74,71	81,02	64,30	4	76,36	82,43	65,42
3	74,75	81,06	64,33	3	76,41	82,47	65,45
2	74,79	81,09	64,35	2	76,45	82,50	65,47
1	74,83	81,13	64,38	1	76,49	82,54	65,50
0	74,87	81,17	64,41	0	76,53	82,57	65,53
0,8609	**74,92**	**81,20**	**64,44**	**0,8569**	**76,57**	**82,61**	**65,56**
8	74,96	81,24	64,47	8	76,61	82,64	65,59
7	75,00	81,27	64,50	7	76,65	82,68	65,61
6	75,04	81,31	64,53	6	76,69	82,71	65,64
5	75,08	81,34	64,55	5	76,74	82,75	65,67
4	75,12	81,38	64,58	4	76,78	82,78	65,70
3	75,16	81,42	64,61	3	76,82	82,82	65,72
2	75,21	81,45	64,64	2	76,86	82,85	65,75
1	75,25	81,49	64,67	1	76,90	82,89	65,78
0	75,29	81,52	64,69	0	76,94	82,92	65,81
0,8599	**75,33**	**81,56**	**64,72**	**0,8559**	**76,98**	**82,96**	**65,83**

Spezifisches Gewicht $d\left(\frac{15°}{15°}\right)$	Gewichtsprozente Alkohol	Maaßprozente Alkohol	Gramm Alkohol in 100 ccm	Spezifisches Gewicht $d\left(\frac{15°}{15°}\right)$	Gewichtsprozente Alkohol	Maaßprozente Alkohol	Gramm Alkohol in 100 ccm
0,8559	76,98	82,96	65,83	0,8519	78,62	84,33	66,92
8	77,02	82,99	65,86	8	78,66	84,36	66,95
7	77,07	83,03	65,89	7	78,71	84,40	66,98
6	77,11	83,06	65,92	6	78,75	84,43	67,01
5	77,15	83,10	65,94	5	78,79	84,47	67,03
4	77,19	83,13	65,97	4	78,83	84,50	67,06
3	77,23	83,17	66,00	3	78,87	84,53	67,08
2	77,27	83,20	66,03	2	78,91	84,57	67,11
1	77,31	83,24	66,05	1	78,95	84,60	67,14
0	77,35	83,27	66,08	0	78,99	84,64	67,16
0,8549	77,39	83,30	66,11	0,8509	79,03	84,67	67,19
8	77,44	83,34	66,14	8	79,07	84,70	67,22
7	77,48	83,37	66,16	7	79,11	84,74	67,25
6	77,52	83,41	66,19	6	79,15	84,77	67,27
5	77,56	83,44	66,22	5	79,20	84,80	67,30
4	77,60	83,48	66,24	4	79,24	84,84	67,33
3	77,64	83,51	66,27	3	79,28	84,87	67,35
2	77,68	83,55	66,30	2	79,32	84,90	67,38
1	77,72	83,58	66,33	1	79,36	84,94	67,41
0	77,76	83,61	66,36	0	79,40	84,97	67,43
0,8539	77,81	83,65	66,38	0,8499	79,44	85,01	67,46
8	77,85	83,68	66,41	8	79,48	85,04	67,49
7	77,89	83,72	66,44	7	79,52	85,07	67,51
6	77,93	83,75	66,46	6	79,56	85,10	67,54
5	77,97	83,78	66,49	5	79,60	85,14	67,57
4	78,01	83,82	66,52	4	79,64	85,17	67,59
3	78,05	83,85	66,54	3	79,68	85,21	67,62
2	78,09	83,89	66,57	2	79,73	85,24	67,65
1	78,13	83,92	66,60	1	79,77	85,27	67,67
0	78,17	83,96	66,63	0	79,81	85,31	67,70
0,8529	78,21	83,99	66,65	0,8489	79,85	85,34	67,73
8	78,26	84,03	66,68	8	79,89	85,37	67,75
7	78,30	84,06	66,71	7	79,93	85,41	67,78
6	78,34	84,09	66,73	6	79,97	85,44	67,81
5	78,38	84,13	66,76	5	80,01	85,47	67,83
4	78,42	84,16	66,79	4	80,05	85,51	67,86
3	78,46	84,20	66,82	3	80,09	85,54	67,89
2	78,50	84,23	66,84	2	80,13	85,58	67,91
1	78,54	84,26	66,87	1	80,17	85,61	67,94
0	78,58	84,30	66,90	0	80,21	85,64	67,96
0,8519	78,62	84,33	66,92	0,8479	80,25	85,67	67,99

	0,02
1	0,002
2	0,004
3	0,006
4	0,008
5	0,010
6	0,012
7	0,014
8	0,016
9	0,018

	0,03
1	0,003
2	0,006
3	0,009
4	0,012
5	0,015
6	0,018
7	0,021
8	0,024
9	0,027

	0,04
1	0,004
2	0,008
3	0,012
4	0,016
5	0,020
6	0,024
7	0,028
8	0,032
9	0,036

	0,05
1	0,005
2	0,010
3	0,015
4	0,020
5	0,025
6	0,030
7	0,035
8	0,040
9	0,045

	Spezifisches Gewicht $d\left(\frac{15°}{15°}\right)$	Gewichtsprozente Alkohol	Maaßprozente Alkohol	Gramm Alkohol in 100 ccm	Spezifisches Gewicht $d\left(\frac{15°}{15°}\right)$	Gewichtsprozente Alkohol	Maaßprozente Alkohol	Gramm Alkohol in 100 ccm
	0,8479	80,25	85,67	67,99	0,8439	81,87	86,99	69,03
	8	80,29	85,71	68,01	8	81,91	87,02	69,06
	7	80,33	85,74	68,04	7	81,95	87,05	69,08
	6	80,37	85,77	68,07	6	81,99	87,08	69,11
	5	80,42	85,81	68,09	5	82,03	87,11	69,13
	4	80,46	85,84	68,12	4	82,07	87,15	69,16
0,02	3	80,50	85,87	68,15	3	82,11	87,18	69,19
1 0,002	2	80,54	85,91	68,17	2	82,15	87,21	69,21
2 0,004	1	80,58	85,94	68,20	1	82,19	87,25	69,24
3 0,006	0	80,62	85,97	68,23	0	82,23	87,28	69,26
4 0,008								
5 0,010	0,8469	80,66	86,00	68,25	0,8429	82,27	87,31	69,29
6 0,012	8	80,70	86,04	68,28	8	82,31	87,34	69,31
7 0,014	7	80,74	86,07	68,31	7	82,35	87,37	69,34
8 0,016	6	80,78	86,10	68,33	6	82,39	87,41	69,36
9 0,018	5	80,82	86,14	68,36	5	82,43	87,44	69,39
	4	80,86	86,17	68,38	4	82,47	87,47	69,42
0,03	3	80,90	86,20	68,41	3	82,51	87,50	69,44
1 0,003	2	80,94	86,23	68,43	2	82,55	87,54	69,47
2 0,006	1	80,98	86,27	68,46	1	82,59	87,57	69,49
3 0,009	0	81,02	86,30	68,49	0	82,63	87,60	69,52
4 0,012								
5 0,015	0,8459	81,06	86,34	68,51	0,8419	82,67	87,63	69,54
6 0,018	8	81,10	86,37	68,54	8	82,71	87,66	69,57
7 0,021	7	81,14	86,40	68,57	7	82,75	87,70	69,59
8 0,024	6	81,18	86,43	68,59	6	82,79	87,73	69,62
9 0,027	5	81,22	86,46	68,62	5	82,83	87,76	69,64
	4	81,26	86,50	68,64	4	82,87	87,79	69,67
0,04	3	81,31	86,53	68,67	3	82,91	87,82	69,70
1 0,004	2	81,35	86,56	68,70	2	82,95	87,86	69,72
2 0,008	1	81,39	86,60	68,72	1	82,99	87,89	69,75
3 0,012	0	81,43	86,63	68,75	0	83,03	87,92	69,77
4 0,016								
5 0,020	0,8449	81,47	86,66	68,77	0,8409	83,07	87,95	69,80
6 0,024	8	81,51	86,69	68,80	8	83,11	87,98	69,82
7 0,028	7	81,55	86,73	68,82	7	83,15	88,01	69,85
8 0,032	6	81,59	86,76	68,85	6	83,19	88,05	69,87
9 0,036	5	81,63	86,79	68,88	5	83,23	88,08	69,90
	4	81,67	86,82	68,90	4	83,27	88,11	69,92
	3	81,71	86,86	68,93	3	83,31	88,14	69,95
	2	81,75	86,89	68,95	2	83,35	88,17	69,97
	1	81,79	86,92	68,98	1	83,39	88,20	70,00
	0	81,83	86,95	69,00	0	83,43	88,23	70,02
	0,8439	81,87	86,99	69,03	0,8399	83,47	88,27	70,05

Spezifisches Gewicht $d\left(\frac{15°}{15°}\right)$	Gewichts- prozente Alkohol	Maaß- prozente Alkohol	Gramm Alkohol in 100 ccm	Spezifisches Gewicht $d\left(\frac{15°}{15°}\right)$	Gewichts- prozente Alkohol	Maaß- prozente Alkohol	Gramm Alkohol in 100 ccm
0,8399	83,47	88,27	70,05	0,8359	85,05	89,51	71,04
8	83,51	88,30	70,07	8	85,09	89,54	71,06
7	83,55	88,33	70,10	7	85,13	89,58	71,09
6	83,59	88,36	70,12	6	85,17	89,61	71,11
5	83,63	88,39	70,15	5	85,21	89,64	71,14
4	83,67	88,43	70,17	4	85,25	89,67	71,16
3	83,71	88,46	70,20	3	85,29	89,70	71,18
2	83,75	88,49	70,22	2	85,33	89,73	71,21
1	83,79	88,52	70,25	1	85,37	89,76	71,23
0	83,83	88,55	70,27	0	85,41	89,79	71,26
0,8389	83,87	88,58	70,30	0,8349	85,45	89,82	71,28
8	83,91	88,61	70,32	8	85,49	89,85	71,30
7	83,95	88,65	70,35	7	85,53	89,88	71,33
6	83,99	88,68	70,37	6	85,56	89,91	71,35
5	84,03	88,71	70,40	5	85,60	89,94	71,38
4	84,07	88,74	70,42	4	85,64	89,97	71,40
3	84,11	88,77	70,45	3	85,68	90,00	71,42
2	84,15	88,80	70,47	2	85,72	90,03	71,45
1	84,18	88,83	70,50	1	85,76	90,06	71,47
0	84,22	88,86	70,52	0	85,80	90,09	71,50
0,8379	84,26	88,89	70,55	0,8339	85,84	90,12	71,52
8	84,30	88,93	70,57	8	85,88	90,15	71,54
7	84,34	88,96	70,60	7	85,92	90,18	71,57
6	84,38	88,99	70,62	6	85,96	90,21	71,59
5	84,42	89,02	70,65	5	85,99	90,24	71,62
4	84,46	89,05	70,67	4	86,03	90,27	71,64
3	84,50	89,08	70,69	3	86,07	90,30	71,66
2	84,54	89,11	70,72	2	86,11	90,33	71,69
1	84,58	89,15	70,74	1	86,15	90,37	71,71
0	84,62	89,18	70,77	0	86,19	90,40	71,74
0,8369	84,66	89,21	70,79	0,8329	86,23	90,43	71,76
8	84,70	89,24	70,82	8	86,27	90,46	71,78
7	84,74	89,27	70,84	7	86,31	90,49	71,81
6	84,78	89,30	70,87	6	86,35	90,52	71,83
5	84,82	89,33	70,89	5	86,38	90,55	71,85
4	84,86	89,36	70,91	4	86,42	90,58	71,88
3	84,90	89,39	70,94	3	86,46	90,61	71,90
2	84,94	89,42	70,96	2	86,50	90,64	71,93
1	84,98	89,45	70,99	1	86,54	90,67	71,95
0	85,01	89,48	71,01	0	86,58	90,70	71,97
0,8359	85,05	89,51	71,04	0,8319	86,62	90,73	72,00

0,02
1	0,002
2	0,004
3	0,006
4	0,008
5	0,010
6	0,012
7	0,014
8	0,016
9	0,018

0,03
1	0,003
2	0,006
3	0,009
4	0,012
5	0,015
6	0,018
7	0,021
8	0,024
9	0,027

0,04
1	0,004
2	0,008
3	0,012
4	0,016
5	0,020
6	0,024
7	0,028
8	0,032
9	0,036

Spezifisches Gewicht $d\left(\frac{15°}{15°}\right)$	Gewichtsprozente Alkohol	Maaßprozente Alkohol	Gramm Alkohol in 100 ccm	Spezifisches Gewicht $d\left(\frac{15°}{15°}\right)$	Gewichtsprozente Alkohol	Maaßprozente Alkohol	Gramm Alkohol in 100 ccm
0,8319	**86,62**	**90,73**	**72,00**	**0,8279**	**88,16**	**91,90**	**72,93**
8	86,66	90,75	72,02	8	88,20	91,93	72,95
7	86,70	90,78	72,05	7	88,24	91,96	72,97
6	86,73	90,81	72,07	6	88,27	91,98	73,00
5	86,77	90,84	72,09	5	88,31	92,01	73,02
4	86,81	90,87	72,11	4	88,35	92,04	73,04
3	86,85	90,90	72,14	3	88,39	92,07	73,06
2	86,89	90,93	72,16	2	88,43	92,10	73,09
1	86,93	90,96	72,18	1	88,47	92,13	73,11
0	86,97	90,99	72,21	0	88,50	92,15	73,13
0,8309	**87,01**	**91,02**	**72,23**	**0,8269**	**88,54**	**92,18**	**73,15**
8	87,04	91,05	72,26	8	88,58	92,21	73,18
7	87,08	91,08	72,28	7	88,62	92,24	73,20
6	87,12	91,11	72,30	6	88,66	92,27	73,22
5	87,16	91,14	72,33	5	88,69	92,30	73,24
4	87,20	91,17	72,35	4	88,73	92,32	73,27
3	87,24	91,20	72,37	3	88,77	92,35	73,29
2	87,28	91,23	72,39	2	88,81	92,38	73,31
1	87,31	91,26	72,42	1	88,85	92,41	73,33
0	87,35	91,29	72,44	0	88,88	92,44	73,36
0,8299	**87,39**	**91,32**	**72,47**	**0,8259**	**88,92**	**92,47**	**73,38**
8	87,43	91,34	72,49	8	88,96	92,49	73,40
7	87,47	91,37	72,51	7	89,00	92,52	73,42
6	87,51	91,40	72,54	6	89,04	92,55	73,45
5	87,55	91,43	72,56	5	89,07	92,58	73,47
4	87,58	91,46	72,58	4	89,11	92,61	73,49
3	87,62	91,49	72,60	3	89,15	92,64	73,51
2	87,66	91,52	72,63	2	89,19	92,67	73,54
1	87,70	91,55	72,65	1	89,23	92,69	73,56
0	87,74	91,58	72,67	0	89,26	92,72	73,58
0,8289	**87,78**	**91,61**	**72,70**	**0,8249**	**89,30**	**92,75**	**73,60**
8	87,82	91,64	72,72	8	89,34	92,78	73,62
7	87,85	91,67	72,74	7	89,38	92,80	73,65
6	87,89	91,69	72,77	6	89,41	92,83	73,67
5	87,93	91,72	72,79	5	89,45	92,86	73,69
4	87,97	91,75	72,81	4	89,49	92,89	73,71
3	88,01	91,78	72,84	3	89,53	92,92	73,74
2	88,05	91,81	72,86	2	89,56	92,94	73,76
1	88,08	91,84	72,88	1	89,60	92,97	73,78
0	88,12	91,87	72,90	0	89,64	93,00	73,80
0,8279	**88,16**	**91,90**	**72,93**	**0,8239**	**89,68**	**93,03**	**73,82**

	0,02
1	0,002
2	0,004
3	0,006
4	0,008
5	0,010
6	0,012
7	0,014
8	0,016
9	0,018

	0,03
1	0,003
2	0,006
3	0,009
4	0,012
5	0,015
6	0,018
7	0,021
8	0,024
9	0,027

	0,04
1	0,004
2	0,008
3	0,012
4	0,016
5	0,020
6	0,024
7	0,028
8	0,032
9	0,036

Spezifisches Gewicht $d\left(\frac{15°}{15°}\right)$	Gewichtsprozente Alkohol	Maaßprozente Alkohol	Gramm Alkohol in 100 ccm	Spezifisches Gewicht $d\left(\frac{15°}{15°}\right)$	Gewichtsprozente Alkohol	Maaßprozente Alkohol	Gramm Alkohol in 100 ccm
0,8239	89,68	93,03	73,82	0,8199	91,17	94,11	74,69
8	89,72	93,05	73,85	8	91,21	94,14	74,71
7	89,75	93,08	73,87	7	91,24	94,17	74,73
6	89,79	93,11	73,89	6	91,28	94,19	74,75
5	89,83	93,14	73,91	5	91,32	94,22	74,77
4	89,87	93,16	73,93	4	91,35	94,25	74,79
3	89,90	93,19	73,95	3	91,39	94,27	74,81
2	89,94	93,22	73,98	2	91,43	94,30	74,83
1	89,98	93,25	74,00	1	91,46	94,33	74,85
0	90,02	93,28	74,02	0	91,50	94,35	74,87
0,8229	90,05	93,30	74,04	0,8189	91,54	94,38	74,90
8	90,09	93,33	74,06	8	91,57	94,41	74,92
7	90,13	93,36	74,09	7	91,61	94,43	74,94
6	90,16	93,39	74,11	6	91,65	94,46	74,96
5	90,20	93,41	74,13	5	91,68	94,48	74,98
4	90,24	93,44	74,15	4	91,72	94,51	75,00
3	90,28	93,47	74,17	3	91,76	94,54	75,02
2	90,31	93,49	74,19	2	91,79	94,56	75,04
1	90,35	93,52	74,22	1	91,83	94,59	75,06
0	90,39	93,55	74,24	0	91,87	94,61	75,08
0,8219	90,43	93,57	74,26	0,8179	91,90	94,64	75,10
8	90,46	93,60	74,28	8	91,94	94,67	75,12
7	90,50	93,63	74,30	7	91,98	94,69	75,14
6	90,54	93,66	74,32	6	92,01	94,72	75,17
5	90,58	93,68	74,35	5	92,05	94,75	75,19
4	90,61	93,71	74,37	4	92,09	94,77	75,21
3	90,65	93,74	74,39	3	92,12	94,80	75,23
2	90,69	93,77	74,41	2	92,16	94,82	75,25
1	90,72	93,79	74,43	1	92,19	94,85	75,27
0	90,76	93,82	74,45	0	92,23	94,87	75,29
0,8209	90,80	93,85	74,47	0,8169	92,27	94,90	75,31
8	90,84	93,87	74,50	8	92,30	94,93	75,33
7	90,87	93,90	74,52	7	92,34	94,95	75,35
6	90,91	93,93	74,54	6	92,38	94,98	75,37
5	90,95	93,95	74,56	5	92,41	95,00	75,39
4	90,98	93,98	74,58	4	92,45	95,03	75,41
3	91,02	94,01	74,60	3	92,49	95,05	75,43
2	91,06	94,03	74,62	2	92,52	95,08	75,45
1	91,09	94,06	74,64	1	92,56	95,10	75,47
0	91,13	94,09	74,66	0	92,59	95,13	75,49
0,8199	91,17	94,11	74,69	0,8159	92,63	95,16	75,51

0,02	
1	0,002
2	0,004
3	0,006
4	0,008
5	0,010
6	0,012
7	0,014
8	0,016
9	0,018

0,03	
1	0,003
2	0,006
3	0,009
4	0,012
5	0,015
6	0,018
7	0,021
8	0,024
9	0,027

0,04	
1	0,004
2	0,008
3	0,012
4	0,016
5	0,020
6	0,024
7	0,028
8	0,032
9	0,036

0,01	
1	0,001
2	0,002
3	0,003
4	0,004
5	0,005
6	0,006
7	0,007
8	0,008
9	0,009

0,02	
1	0,002
2	0,004
3	0,006
4	0,008
5	0,010
6	0,012
7	0,014
8	0,016
9	0,018

0,03	
1	0,003
2	0,006
3	0,009
4	0,012
5	0,015
6	0,018
7	0,021
8	0,024
9	0,027

0,04	
1	0,004
2	0,008
3	0,012
4	0,016
5	0,020
6	0,024
7	0,028
8	0,032
9	0,036

Spezifisches Gewicht $d\left(\frac{15^\circ}{15^\circ}\right)$	Gewichts-prozente Alkohol	Maaß-prozente Alkohol	Gramm Alkohol in 100 ccm	Spezifisches Gewicht $d\left(\frac{15^\circ}{15^\circ}\right)$	Gewichts-prozente Alkohol	Maaß-prozente Alkohol	Gramm Alkohol in 100 ccm
0,8159	**92,63**	**95,16**	**75,51**	**0,8119**	**94,06**	**96,15**	**76,30**
8	92,67	95,18	75,53	8	94,10	96,18	76,32
7	92,70	95,21	75,55	7	94,13	96,20	76,34
6	92,74	95,23	75,57	6	94,17	96,22	76,36
5	92,77	95,26	75,59	5	94,20	96,25	76,38
4	92,81	95,28	75,61	4	94,24	96,27	76,40
3	92,85	95,31	75,63	3	94,27	96,30	76,42
2	92,88	95,33	75,65	2	94,31	96,32	76,44
1	92,92	95,36	75,67	1	94,34	96,35	76,46
0	92,96	95,38	75,69	0	94,38	96,37	76,48
0,8149	**92,99**	**95,41**	**75,71**	**0,8109**	**94,41**	**96,39**	**76,50**
8	93,03	95,43	75,73	8	94,45	96,42	76,51
7	93,06	95,46	75,75	7	94,48	96,44	76,53
6	93,10	95,48	75,77	6	94,52	96,47	76,55
5	93,13	95,51	75,79	5	94,55	96,49	76,57
4	93,17	95,53	75,81	4	94,59	96,51	76,59
3	93,21	95,56	75,83	3	94,62	96,54	76,61
2	93,24	95,58	75,85	2	94,66	96,56	76,63
1	93,28	95,61	75,87	1	94,70	96,59	76,65
0	93,31	95,63	75,89	0	94,73	96,61	76,67
0,8139	**93,35**	**95,66**	**75,91**	**0,8099**	**94,77**	**96,63**	**76,69**
8	93,39	95,68	75,93	8	94,80	96,66	76,70
7	93,42	95,71	75,95	7	94,83	96,68	76,72
6	93,46	95,73	75,97	6	94,87	96,70	76,74
5	93,49	95,76	75,99	5	94,90	96,73	76,76
4	93,53	95,78	76,01	4	94,94	96,75	76,78
3	93,56	95,81	76,03	3	94,97	96,77	76,80
2	93,60	95,83	76,05	2	95,01	96,80	76,82
1	93,64	95,86	76,07	1	95,04	96,82	76,84
0	93,67	95,88	76,09	0	95,08	96,85	76,86
0,8129	**93,71**	**95,91**	**76,11**	**0,8089**	**95,11**	**96,87**	**76,87**
8	93,74	95,93	76,13	8	95,15	96,89	76,89
7	93,78	95,96	76,15	7	95,18	96,92	76,91
6	93,81	95,98	76,17	6	95,22	96,94	76,93
5	93,85	96,00	76,19	5	95,25	96,96	76,95
4	93,88	96,03	76,21	4	95,29	96,99	76,97
3	93,92	96,05	76,23	3	95,32	97,01	76,98
2	93,96	96,08	76,25	2	95,36	97,03	77,00
1	93,99	96,10	76,27	1	95,39	97,06	77,02
0	94,03	96,13	76,29	0	95,43	97,08	77,04
0,8119	**94,06**	**96,15**	**76,30**	**0,8079**	**95,46**	**97,10**	**77,06**

Spezifisches Gewicht $d\left(\frac{15°}{15°}\right)$	Gewichtsprozente Alkohol	Maaßprozente Alkohol	Gramm Alkohol in 100 ccm	Spezifisches Gewicht $d\left(\frac{15°}{15°}\right)$	Gewichtsprozente Alkohol	Maaßprozente Alkohol	Gramm Alkohol in 100 ccm
0,8079	95,46	97,10	77,06	0,8039	96,83	98,01	77,78
8	95,50	97,12	77,07	8	96,86	98,03	77,79
7	95,53	97,15	77,09	7	96,90	98,05	77,81
6	95,56	97,17	77,11	6	96,93	98,07	77,83
5	95,60	97,19	77,13	5	96,96	98,09	77,85
4	95,63	97,21	77,15	4	97,00	98,11	77,86
3	95,67	97,24	77,17	3	97,03	98,14	77,88
2	95,70	97,26	77,19	2	97,06	98,16	77,90
1	95,74	97,29	77,20	1	97,10	98,18	77,91
0	95,77	97,31	77,22	0	97,13	98,20	77,93
0,8069	95,81	97,33	77,24	0,8029	97,17	98,22	77,95
8	95,84	97,36	77,26	8	97,20	98,25	77,97
7	95,87	97,38	77,28	7	97,23	98,27	77,98
6	95,91	97,40	77,30	6	97,27	98,29	78,00
5	95,94	97,42	77,31	5	97,30	98,31	78,02
4	95,98	97,45	77,33	4	97,33	98,33	78,03
3	96,01	97,47	77,35	3	97,37	98,35	78,05
2	96,05	97,49	77,37	2	97,40	98,37	78,07
1	96,08	97,51	77,38	1	97,43	98,40	78,09
0	96,11	97,54	77,40	0	97,47	98,42	78,10
0,8059	96,15	97,56	77,42	0,8019	97,50	98,44	78,12
8	96,18	97,58	77,44	8	97,53	98,46	78,14
7	96,22	97,61	77,46	7	97,57	98,48	78,15
6	96,25	97,63	77,48	6	97,60	98,50	78,17
5	96,29	97,65	77,49	5	97,63	98,52	78,19
4	96,32	97,67	77,51	4	97,67	98,55	78,20
3	96,35	97,70	77,53	3	97,70	98,57	78,22
2	96,39	97,72	77,54	2	97,73	98,59	78,24
1	96,42	97,74	77,56	1	97,77	98,61	78,26
0	96,46	97,76	77,58	0	97,80	98,63	78,27
0,8049	96,49	97,78	77,60	0,8009	97,83	98,65	78,29
8	96,52	97,81	77,62	8	97,87	98,67	78,31
7	96,56	97,83	77,63	7	97,90	98,69	78,32
6	96,59	97,85	77,65	6	97,93	98,72	78,34
5	96,63	97,87	77,67	5	97,97	98,74	78,36
4	96,66	97,90	77,69	4	98,00	98,76	78,37
3	96,69	97,92	77,71	3	98,03	98,78	78,39
2	96,73	97,94	77,72	2	98,07	98,80	78,41
1	96,76	97,96	77,74	1	98,10	98,82	78,42
0	96,79	97,99	77,76	0	98,13	98,84	78,44
0,8039	96,83	98,01	77,78	0,7999	98,17	98,86	78,46

0,01
1	0,001
2	0,002
3	0,003
4	0,004
5	0,005
6	0,006
7	0,007
8	0,008
9	0,009

0,02
1	0,002
2	0,004
3	0,006
4	0,008
5	0,010
6	0,012
7	0,014
8	0,016
9	0,018

0,03
1	0,003
2	0,006
3	0,009
4	0,012
5	0,015
6	0,018
7	0,021
8	0,024
9	0,027

0,04
1	0,004
2	0,008
3	0,012
4	0,016
5	0,020
6	0,024
7	0,028
8	0,032
9	0,036

Spezifisches Gewicht $d\left(\frac{15^\circ}{15^\circ}\right)$	Gewichts-prozente Alkohol	Maaß-prozente Alkohol	Gramm Alkohol in 100 ccm	Spezifisches Gewicht $d\left(\frac{15^\circ}{15^\circ}\right)$	Gewichts-prozente Alkohol	Maaß-prozente Alkohol	Gramm Alkohol in 100 ccm
0,7999	**98,17**	**98,86**	**78,46**	**0,7969**	**99,15**	**99,48**	**78,94**
8	98,20	98,88	78,47	8	99,18	99,50	78,96
7	98,23	98,91	78,49	7	99,21	99,52	78,98
6	98,26	98,93	78,51	6	99,24	99,54	78,99
5	98,30	98,95	78,52	5	99,28	99,56	79,01
4	98,33	98,97	78,54	4	99,31	99,58	79,02
3	98,36	98,99	78,55	3	99,34	99,60	79,04
2	98,40	99,01	78,57	2	99,37	99,62	79,05
1	98,43	99,03	78,59	1	99,41	99,64	79,07
0	98,46	99,05	78,61	0	99,44	99,66	79,08
0,7989	**98,49**	**99,07**	**78,62**	**0,7959**	**99,47**	**99,68**	**79,10**
8	98,53	99,09	78,64	8	99,50	99,70	79,12
7	98,56	99,11	78,65	7	99,53	99,72	79,13
6	98,59	99,13	78,67	6	99,57	99,74	79,15
5	98,63	99,15	78,69	5	99,60	99,76	79,16
4	98,66	99,17	78,70	4	99,63	99,78	79,18
3	98,69	99,20	78,72	3	99,66	99,80	79,19
2	98,72	99,22	78,74	2	99,70	99,82	79,21
1	98,76	99,24	78,75	1	99,73	99,84	79,23
0	98,79	99,26	78,77	0	99,76	99,86	79,24
0,7979	**98,82**	**99,28**	**78,78**	**0,7949**	**99,79**	**99,87**	**79,26**
8	98,85	99,30	78,80	8	99,82	99,89	79,27
7	98,89	99,32	78,82	7	99,86	99,91	79,29
6	98,92	99,34	78,83	6	99,89	99,93	79,30
5	98,95	99,36	78,85	5	99,92	99,95	79,32
4	98,98	99,38	78,86	4	99,95	99,97	79,33
3	99,02	99,40	78,88	3	99,98	99,99	79,35
2	99,05	99,42	78,90	**0,79425**	**100,00**	**100,00**	**79,36**
1	99,08	99,44	78,91				
0	99,11	99,46	78,93				
0,7969	**99,15**	**99,48**	**78,94**				

	0,01
1	0,001
2	0,002
3	0,003
4	0,004
5	0,005
6	0,006
7	0,007
8	0,008
9	0,009

	0,02
1	0,002
2	0,004
3	0,006
4	0,008
5	0,010
6	0,012
7	0,014
8	0,016
9	0,018

	0,03
1	0,003
2	0,006
3	0,009
4	0,012
5	0,015
6	0,018
7	0,021
8	0,024
9	0,027

	0,04
1	0,004
2	0,008
3	0,012
4	0,016
5	0,020
6	0,024
7	0,028
8	0,032
9	0,036

GPSR Compliance
The European Union's (EU) General Product Safety Regulation (GPSR) is a set of rules that requires consumer products to be safe and our obligations to ensure this.

If you have any concerns about our products, you can contact us on

ProductSafety@springernature.com

In case Publisher is established outside the EU, the EU authorized representative is:

Springer Nature Customer Service Center GmbH
Europaplatz 3
69115 Heidelberg, Germany

www.ingramcontent.com/pod-product-compliance
Lightning Source LLC
Chambersburg PA
CBHW060758110426
42873CB00033BA/376
* 9 7 8 3 6 6 2 3 9 3 4 5 1 *